U0252191

厂站网河一体化项目
液位和流量测量
原理及实践

王强　编著

The principle and practice of water level
and flow measurement in the integrated
project of WWTP, Pump Station, Sewage and River

中国环境出版集团·北京

≫ 序

　　本书由 NIVUS 微信公众号上的原创文章结集而成，分为五部分："典型案例"和"拓展应用"两部分来自国内外实践，"产品简介"部分来自 NIVUS 文件，"技术分析"部分来自笔者的分析和总结，"有问有答"部分来自技术交流中的问题回复。为了保持原貌，本书仅进行细小结构调整与文字校正，可能有部分文章之间存在交集，是因为在实践应用中互有关联。

　　德国 NIVUS 公司是全球领先的高质量的水行业测量仪器的研发商、制造商和服务商，具有近 60 年的历史和遍布世界各地的数万个项目案例，可提供 20 余种流量和液位测量相关仪表。其产品从产品寿命、维护周期、测量精度、测量数据稳定性，到安装使用经验等，都具有先进技术优势。

　　2021 年年初，我们开始在微信公众号进行流量和液位测量技术、产品与应用的分享；迄今已发表 120 余篇原创文章，引起行业内广泛关注。我们发现，可靠的流量和液位测量数据是地下管网诊断、污水处理厂提质增效、厂站网河一体化管理等水务项目规划、设计、建设和运维的基础。

　　我们希望用此书，将世界一流的流量测量和液位测量技术、产品和应用经验分享给同行。

　　我们期待全行业共同携手，不断提升城市水务流量测量和液位测量的应用水平，为城市水环境治理与城市内涝防治做出新的贡献！

王　强

2021 年 8 月 1 日

目录

第一章 典型案例

第二章　产品简介

第三章　技术分析

第四章　拓展应用

第五章　有问有答

第一章　典型案例 ◀《

1 污水处理厂重力流出水管的流量测量

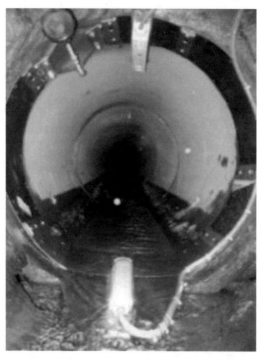

图 1-1-1　重力流出水管非满管流量计安装现场

　　排水管网和水体的流量和液位测量是水质测量行业的"痛点"、技术难点和关注热点。在与同行的线下沟通中，我们发现业界人员普遍对流量和液位的测量存在某些误区。为了系统地介绍排水管网及水体的流量和液位测量，NIVUS 的微信公众号每周将分别分享一篇典型案例、一篇技术分析、一篇产品简介、一篇拓展应用和一篇有问有答。

　　如有任何流量和液位测量的难题，可通过电话、微信或微信公众号留言联系我们，我们将在"有问有答"专栏回答大家关心的问题。

污水处理厂总出水管通常为重力流自流，经常处于非满管的状态。如果采用电磁流量计，则需要设置倒虹吸，一方面会加大土建工作量，另一方面，在低流速情况下使用该流量计的测量误差较大。当采用超声波流量计时，如何保证在水中悬浮物较少的情况下，有足够多的确保测量精度的反射物，成为困扰设计单位和使用单位的难题。

下面，介绍某地下污水厂出水总管的流量测量解决方案，供大家参考。

1.1　流量测量要求

某地下污水处理厂总出水管的情况如下（见图 1-1-2）：

◆ DN 1200 混凝土管，流量约 1 200 m³/h；

◆ 安装流量计的管道平直段约 10 m，在道路下方，不便开挖；

◆ 排水为滤布滤池出水，水质达到准Ⅳ类水标准，悬浮物低于 5 mg/L；

◆ 管道液位波动大，从低液位到满管的情况均会出现；

◆ 管道流速波动大。

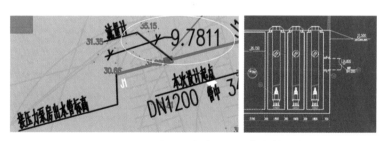

图 1-1-2　某地下污水处理厂总出水管示意

通常采用电磁流量计测量污水处理厂总出口的流量，但电磁流量计的缺点如下：

◆ 无法实现非满管时的流量测量；

◆ 低流速时测量误差较大；

◆ 需要开挖和设置超越管。

鉴于电磁流量计的以上缺点，现对放置在管道中的流量计的要求如下：

◆ 能够测量管道的瞬时流速、瞬时流量、液位、水温和累计流量，其中

流量测量误差在 ±3% 以内；

◆ 在水中低悬浮物少的情况下，保持稳定的测量精度；

◆ 在低流速和高流速的情况下，保持稳定的测量精度；

◆ 需要在 0% ～ 100% 满管整个液位范围内，保持测量高精度；

◆ 方便安装和维护；

◆ 使用寿命长，尽可能免维护。

1.2 流量计的选择

排水管网高精度的流量测量，需要采用速度 – 面积法流量计。测量流量（Q）需要测量两个因素：平均流速和（$v_{平均}$）过流面积（A）。采用以下通用计算公式：

$$Q = v_{平均} \cdot A$$

常用的速度-面积法流量计，包括超声波多普勒流量计、超声波互相关流量计和超声波时差法流量计。

考虑到要求流量测量误差在 ±3% 以内，因此将超声波多普勒流量计排除在外。考虑到管道内的液位波动很大，范围是 0% ～ 100% 满管，而超声波时差法流量计传感器因尺寸原因，在 DN 1200 管中的测量范围是 30% ～ 100%，因此将超声波时差法流量计排除在外。

1.3 测量设备的安装

每套测量设备均包括 1 组空气超声波传感器和 1 组流速 / 水中超声波 / 静压式液位计组合传感器。

（1）1 组空气超声波传感器：安装在排口管道断面中心垂线顶部，垂直向下；这组传感器用于 0 ～ 6 cm 超低液位的流速、流量和空气温度的测量。

（2）1 组流速 / 水中超声波 / 静压式液位计组合传感器：安装在排口断面底部，垂直向上；这组传感器用于 6 cm 至 100% 满管的流速、流量和水温的测量。

（3）通过两种传感器的组合，实现 0% ～ 100% 满管的流量精确测量。

本项目中，选用 RMS 涨圈进行安装。

◆ 可以适用 DN 150 ～ 2000 的管道内安装；

◆ 可以用于满管及非满管情况下的测量；

◆ 无需额外使用工具，30 min 内可快速安装；

◆ 在水中含次氯酸钠的情况下，可以选用 1.4461 或 1.4462 材质。

这种布置方式的优点为：

◆ 测量精度高（精度为 1% ～ 3%）；

◆ 数据质量好；

◆ 对测量前后平直段的要求相对较低。

1.4 实际测量现场

变送器上可以看到实时的流场动态分布（见图 1-1-3），可以看出，在液位 0.317 m 时也可以看到 16 层平均流速。

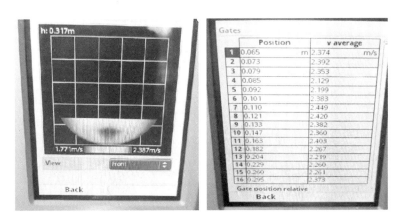

图 1-1-3 现场实际测量结果

1.5 实际测量数据

该套设备于 2020 年 6 月安装，目前一直稳定运行。图 1-1-4 为 2020

年 6 月 22 日—7 月 23 日的实际测量结果，其中红框内的数值为检修时流量降低所致。

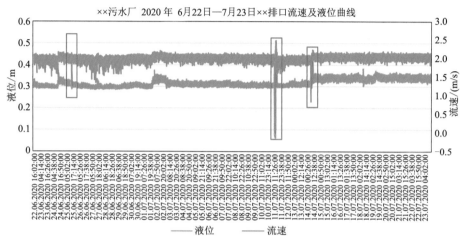

图 1-1-4　该套设备在 2020 年 6 月 22 日—7 月 23 日的实际测量结果

从图 1-1-4 中可以看到：

◆　在这段时间内数据完好率为 100%，数据可用率为 100%；

◆　在此期间液位基本在 0.3 ～ 0.4 m 波动（管道直径 1.2 m）；

◆　流速基本稳定；

◆　当液位低至 0.1 m 时，也能稳定测量流速。

1.6　参数设置

参数设置界面见图 1-1-5。

1.7　结论

◆　在出水悬浮物含量为 5 mg/L 的情况下，互相关流量计适用于测

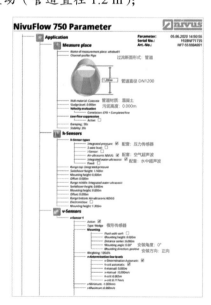

图 1-1-5　参数设置界面

量污水厂总排口的流量；

◆ 采用"流速传感器＋空气超声波传感器"的组合测量方式，解决了
0%～100%满管时的流量测量问题；

◆ 根据客户反馈，此流量计的测量值与其他仪表的测量结果匹配度高，
实际测量结果获得客户的高度认可。

2 人员无法下井维护情况下的大管径流量测量

图 1-2-1 大管径安装流量计的现场

> 排水管网和水体的流量和液位测量是水质测量行业的"痛点"、技术难点和关注热点。在与同行的线下沟通中,我们发现业界人员普遍对流量和液位的测量存在某些误区。为了系统地介绍排水管网及水体的流量和液位测量,NIVUS 的微信公众号每周将分别分享一篇典型案例、一篇技术分析、一篇产品简介、一篇拓展应用和一篇有问有答。
>
> 如有任何流量和液位测量的难题,可通过电话、微信或微信公众号留言联系我们,我们将在"有问有答"专栏回答大家关心的问题。

2.1 流量测量要求

某一线城市污水处理厂迁建项目的主线进水管道的管径为 DN 3000,使用钢筋混凝土管内衬 PE 板，管道埋深约 13 m，管内流速为 1.3 ~ 1.5 m/s，检查井位于绿化带（见图 1-2-2）。

根据当地水务局的要求，需要在此污水厂外管网设置流量测量系统，具体要求为：

- ◆ 流量测量平均误差 ≤ 1%；
- ◆ 能测量非满流情况下的流量；
- ◆ 可将瞬时流量、累计流量、液位、温度数据上传功能；
- ◆ 可调节采集频率，并建立流量监控系统；
- ◆ 因校正需要，需每年将流量计取出。

拟定测量点的特点如下：

- ◆ 流速高于 1.0 m/s，液位在满管与非满管之间波动；
- ◆ 现场无市电供电；
- ◆ 硫化氢浓度高；
- ◆ 1 区防爆；
- ◆ 水质变化大，水中杂质多；
- ◆ 特别是在传感器维护时，维护人员不能下井，以防出现安全事故。

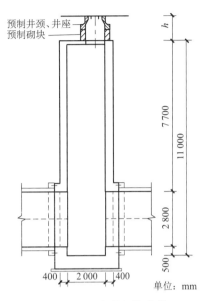

图 1-2-2　大管径检查井

2.2　流量计的选择

通过对比 NIVUS 公司的多普勒、互相关和时差法三种不同的超声波流量计，当流量测量平均误差 ≤ 1% 时，只能选择以超声波互相关流量计为主的测量方法。

超声波互相关流量计的安装方式可以分为底部安装和顶部安装两种方式，这两种方式各有优缺点，具体为：

（1）底部安装（图 1-2-3）

优点：精度高，测量数据稳定；

缺点：需要设在有旁路或者可以关闭的管道处，否则不便于设备的检修；此外，设置中还需要考虑沉淀物的影响。

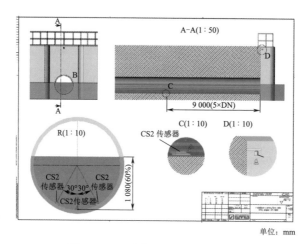

单位：mm

图 1-2-3　底部安装的传感器示意

（2）顶部安装

当互相关流量计安装在管道顶部时，可向下测量，并同步测量流量、液位和污泥界面。

优点：安装和维修方便。

缺点：非满管时无法测量。

2.3　解决方案

采用"互相关流量计 + 雷达流量计"的混合测量方法（图 1-2-4 和图 1-2-5 ）。

在同一测量系统中结合互相关流量计与雷达流量计这两种流量测量设备，使用同一个变送器，其中，使用非接触式雷达流量计测量表面速度，使用安装在顶部的互相关流量计测量剖面流速。

◆ 满管时：使用互相关流量计进行测量；

◆ 非满管时：互相关流量计无法测量，自动切换为雷达流量计测量。

互相关流量计采用滑杆安装，检修时可以提到检查井口，方便维护传感器。

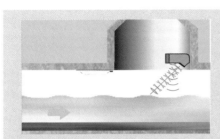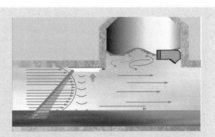

低液位：在操作中组合使用互相关流量计和雷达流量计测量流速，其中，互相关流量计在测量低液位流量时不起作用。

正常液位：组合使用互相关流量计与雷达流量计，其中，水中的互相关流量计可以检测断面的流量分布，以及管底的沉积物。

图1-2-4 互相关流量计与雷达流量计的组合示意

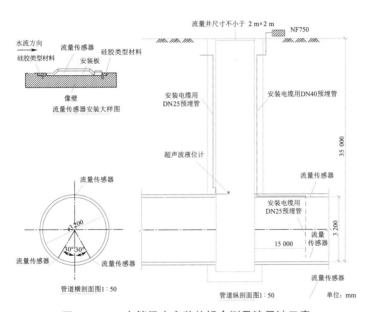

图1-2-5 大管径内安装的组合测量流量计示意

2.4 供电和数据上传方式

　　"互相关流量计 + 雷达流量计"的混合测量目前尚且无法采用电池供电的便携式安装方式，需用市电或太阳能供电。由于安装现场不具备市电供电条件，因此选择太阳能供电，数据无线上传云平台。

2.5 设置参数

参数设置文件见图 1-2-7。

图 1-2-6 太阳能供电系统现场

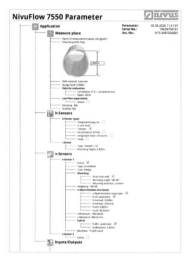

图 1-2-7 参数设置界面

2.6 现场测量数据

现场测量结果见图 1-2-8。

图 1-2-8 现场测量结果

（注：显示界面包括瞬间流速、瞬间流量、瞬间液位、累计流量和水温）

2.7 现场安装照片

图 1-2-9 现场安装

3 雨水排口的污水溢流溯源

图 1-3-1　雨水排口现场

　　排水管网和水体的流量和液位测量是水质测量行业的"痛点"、技术难点和关注热点。在与同行的线下沟通中，我们发现业界人员普遍对流量和液位的测量存在某些误区。为了系统地介绍排水管网及水体的流量和液位测量，NIVUS 的微信公众号每周将分别分享一篇典型案例、一篇技术分析、一篇产品简介、一篇拓展应用和一篇有问有答。

　　如有任何流量和液位测量的难题，可通过电话、微信或微信公众号留言联系我们，我们将在"有问有答"专栏回答大家关心的问题。

3.1　项目背景

　　某一线城市新城的中心河流是国控断面，一直为劣 V 类水质。为了解决此河流的污染问题，将沿河所有的污水排口封堵，只留下雨水排口；同时，在雨水排口做净化措施，但实际水质改善效果不明显。

3.2 发现问题

某日晴天，工作人员在夜间发现其中一个雨水排口有水流出，而且持续时间比较长。随即用互相关流量计进行监测（见图1-3-2）。

流量计安装地点：雨水排口上游第一个检查井；

安装方式：管道内壁安装；

安装设备型号规格：PCM Pro便携式互相关流量计+POA型杆式传感器。

现场实测数据如图1-3-2所示。从中可以分析出以下结果：

- 雨水排口有倒灌现象，倒灌的时间与此河道的河闸口启闭时间一致（见红色曲线），判断河闸开启导致河道水位的波动，从而导致雨水排口的倒灌；
- 每天的21：00左右开始排水，高峰可以持续至凌晨。外排水量为 $800 \sim 1\ 500\ m^3/d$；
- 排水比较规律。

另外，取样监测后，发现排水的COD约为300 mg/L，确认为污水。

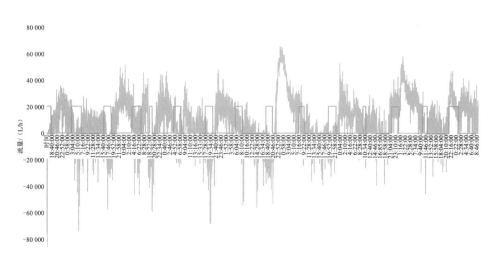

图1-3-2 某雨水排口的实测流量数据

3.3 分析问题

此区域为建成的居民区，区域内无工厂，餐饮娱乐单位数量有限，分析判断不应该是偷排。

经过对测量结果的进一步分析，以及当地水务局组织的多次会议，最后确认原因：

- 该河道两岸的汇水分区内的污水，由 2 个提升泵站分别提升后进入下游污水处理厂；
- 由于下游管道的直径比较小，这 2 个提升泵站交替运行；
- 提升泵站为定期开启，未开启时液位上涨，会溢入雨水管，从而导致溢流污染。

3.4 解决方案

根据以上分析，我们建议调整泵站运行的策略，将泵站的运行时间增加 2 h，并实时测量雨水排口的流量，以便判断运行策略是否正确。

图 1-3-3 是泵站的运行时间增加 2 h 后的雨水排口流量值的变化。从中可以看到，流量峰值明显被消除。

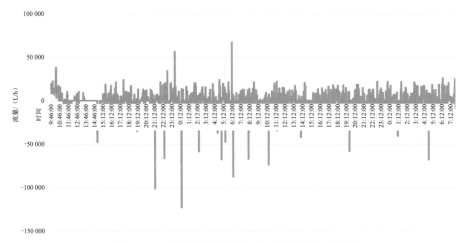

图 1-3-3　调整泵站运行方式后的实测流量数据

3.5　进一步的思考

◆ 如果不能找到雨水排口污水溢流的问题，就无法从根本上解决此河道水质不达标的问题；

◆ 流量测量是寻找雨水排口污水溢流的利器，但还需要结合其他手段；

◆ 需要从排水管网的整个系统角度，解决雨水排口污水溢流的问题。

4 某一线城市中心城区排水管网的长期流量测量

图1-4-1　长期测量流量计安装现场

　　排水管网和水体的流量和液位测量是水质测量行业的"痛点"、技术难点和关注热点。在与同行的线下沟通中，我们发现业界人员普遍对流量和液位的测量存在某些误区。为了系统地介绍排水管网及水体的流量和液位测量，NIVUS的微信公众号每周将分别分享一篇典型案例、一篇技术分析、一篇产品简介、一篇拓展应用和一篇有问有答。

　　如有任何流量和液位测量的难题，可通过电话、微信或微信公众号留言联系我们，我们将在"有问有答"专栏回答大家关心的问题。

4.1　项目背景

某一线城市中心城区的排水管网的长期流量测量，具体情况如下：

◆ 排水管道直径 DN 1800；

◆ 3 个测量点，管道埋深 8 ~ 17 m；

◆ 液位波动大，检查井水深度时间达到 10 m 以上；

◆ 长期测量。

4.2　设备选择

◆ 采用 NIVUS 的便携式互相关流量计进行测量。设备配置：变送器 NFM750+CSP 互相关流量计 + 静压式液位计 + 水中超声波 + 空气超声波；

◆ 测量间隔 5 min，连续监测。

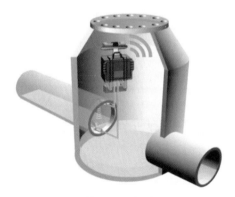

图 1-4-2　传感器和变送器安装示意

4.3　使用中的问题

2019 年 9 月 4 日流量计安装使用，在安装使用后，发现一个测量点的液位冗余测量值出现大部分波动（见图 1-4-3）：

◆ 对数据进行分析，判断为异物覆盖传感器表面而导致数据异常；

◆ 等待4天后，发现传感器表面的异物无法被冲走，最后选择人工下井清理。

除了此次异物覆盖导致的测量偏差之外，这三套流量计未发现其他异常情况，也未清理过。

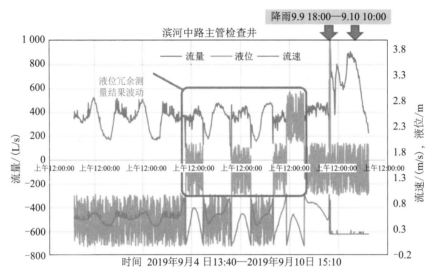

图1-4-3 某测量点的液位冗余测量异常情况

4.4 测量数据

3个测量点的长期测量数据见图1-4-4。数据100%上传，除被异物覆盖导致的液位冗余测量值波动区间的数据之外，其他数据无须二次清洗。

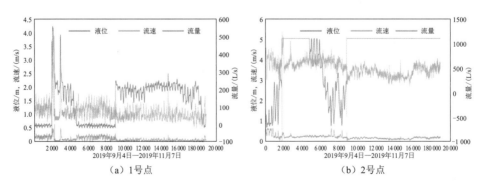

（a）1号点

（b）2号点

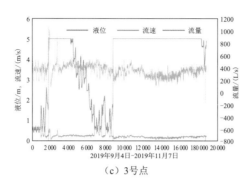

（c）3号点

图1-4-4 三个测量点的长期测量数据

4.5 进一步的思考

◆ 除了流量计的设备采购成本之外，更需要关注流量计的维护成本和设备寿命；

◆ 实际使用中，往往流量计的维护成本大大超过预期；

◆ 液位冗余测量很有价值；

◆ 选择合适的流量计，并做好前期规划、设备安装和数据分析，是项目建设和稳定运行的关键。

5 不利水利条件下的流量测量

图 1-5-1 不利水力条件下的流量计安装现场

> 排水管网和水体的流量和液位测量是水质测量行业的"痛点"、技术难点和关注热点。在与同行的线下沟通中，我们发现业界人员普遍对流量和液位的测量存在某些误区。为了系统地介绍排水管网及水体的流量和液位测量，NIVUS 的微信公众号每周将分别分享一篇典型案例、一篇技术分析、一篇产品简介、一篇拓展应用和一篇有问有答。
>
> 如有任何流量和液位测量的难题，可通过电话、微信或微信公众号留言联系我们，我们将在"有问有答"专栏回答大家关心的问题。

5.1 项目背景

◆ DN 300 排水管；

◆ 部分充满；

- 破旧的混凝土排水管；
- 由上游进水泵引起的高排放动态和湍流排放；
- 防爆 1 区认证。

5.2　测量目的

- 确定休闲公园规划扩建的渠道容量和成本分配；
- 要求能准确测量流速，确定新规划排水管道的尺寸；
- 虽然是较差的水力环境条件和高排放动态，但不应影响流量测量系统的测量精度。

5.3　解决方案

- 为了改善不良的水力排放条件，通过使用气囊将移动式 NPP 测量管段接入管中；
- 在 90° 弯头的帮助下，管道完全充满，优化测量条件；
- 基于超声波互相关原理进行流速测量；
- 通过电池供电的 PCM Pro 变送器实现供电、数据存储和数据传输。

杆式互相关传感器可以感知到管道内污泥界面的高度，并自动调整过流管面的面积，确保测量精度。

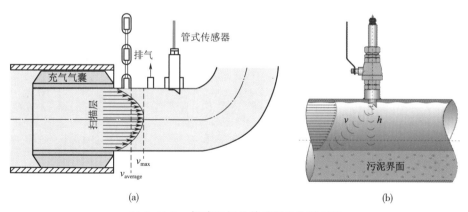

图 1-5-2　杆式互相关传感器的安装示意

5.4 安装步骤

NPP 只需要一人在检查井内安装；具体安装步骤如图 1-5-3 所示，可以实现快速安装。

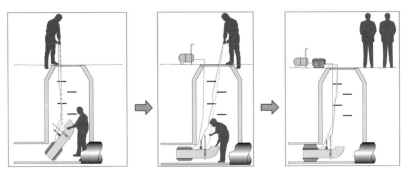

图 1-5-3　NPP 的安装方式

5.5 系统的优点

◆ 通过轻质 NPP 管轻松、快速、安全地进行安装；

◆ 确切定义的测量管段横截面；

◆ 测量点处的流场均匀，因此流量测量误差＜ 2%。

图 1-6-1　大断面流量测量现场

　　排水管网和水体的流量和液位测量是水质测量行业的"痛点"、技术难点和关注热点。在与同行的线下沟通中，我们发现业界人员普遍对流量和液位的测量存在某些误区。为了系统地介绍排水管网及水体的流量和液位测量，NIVUS 的微信公众号每周将分别分享一篇典型案例、一篇技术分析、一篇产品简介、一篇拓展应用和一篇有问有答。

　　如有任何流量和液位测量的难题，可通过电话、微信或微信公众号留言联系我们，我们将在"有问有答"专栏回答大家关心的问题。

6.1　项目背景

◆ DN 3500 排水管，部分充满；

- 拟定测量点的平直段不足；
- 上游来水的高排放动态导致湍流；
- 拟定测量点的流场波动大，流量测量值波动大，测量难度大。

图 1-6-2　拟定测量点现场

6.2　解决方案

- 为了改善不良的水力排放条件，安装五组互相关传感器；
- 五组互相关传感器接入同一个变送器，进行同步测量，规避流体扰动的影响。

五组传感器的同步测量方法见图 1-6-3（以渠道测量为例）。

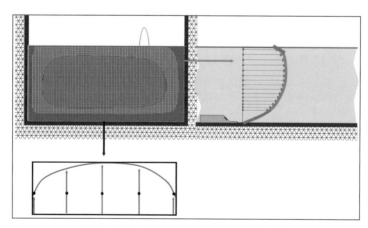

图 1-6-3　五组传感器叠加的效果示意

基于 COSP（Correlation Singularity Profile）的多个传感器测量系统，可以计算一个密集的测量网络，从单个测量点位出发覆盖整个流体横截面。

◆ 沿测量路径观察流场分布图；

◆ 包括传感器的盲区和顶部的死区的流量测量；

◆ 评估靠近墙壁的边界层（对数定律）的流场；

◆ 计算水平流速分布；

◆ 获得整个断面的流速分布图，见图 1-6-4（以渠道测量为例）。

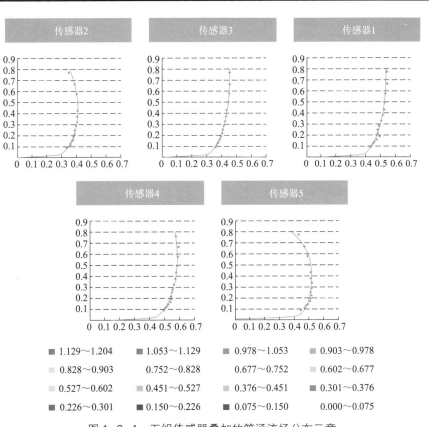

图 1-6-4　五组传感器叠加的箱涵流场分布示意

6.3 实际测量结果

- ◆ 通过五组互相关传感器的同步测量，获得稳定的流量测量数据；
- ◆ 获得断面的实时流场分布图（见图1-6-5），从图中可以看出，由于平直段不足和流体扰动，实际为偏心的断面流场。

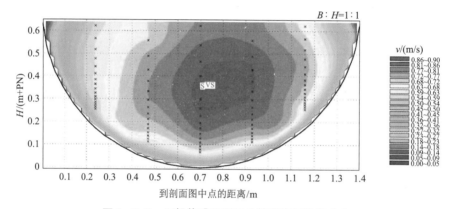

图 1-6-5　五组传感器测量的管道实时流场分布

图 1-7-1　调蓄池排放管流量计安装现场

　　排水管网和水体的流量和液位测量是水质测量行业的"痛点"、技术难点和关注热点。在与同行的线下沟通中，我们发现业界人员普遍对流量和液位的测量存在某些误区。为了系统地介绍排水管网及水体的流量和液位测量，NIVUS 的微信公众号每周将分别分享一篇典型案例、一篇技术分析、一篇产品简介、一篇拓展应用和一篇有问有答。

　　如有任何流量和液位测量的难题，可通过电话、微信或微信公众号留言联系我们，我们将在"有问有答"专栏回答大家关心的问题。

7.1　项目背景

- 初雨调蓄池的排放管，自流；
- DN 300 的不锈钢管；
- 部分充满；
- 夜间低液位；
- 拟定测量点的液位波动大，流量测量值波动大。

7.2　测量要求

- 初雨调蓄池的连续流量测量；
- 初雨调蓄池的连续流量控制；
- 测量夜间最小流量，以评估入流入渗水量；
- 由于现有控制柜的空间很小，因此最多安装一组附加单元。

7.3　解决方案

- 使用超声波多普勒流量计测量流量，其型号为 OCM F，配套插入式杆式多普勒流速传感器；
- 为了测量 0%～100% 满管的液位，选择使用 i 系列超声波液位计，从管道顶部向下进行液位测量；
- OCM F 多普勒变送器可以直接控制电动阀，控制排放量。

7.4　优点

- 由于变送器集成了具有浪涌测量功能的三步控制器，因此在控制柜中无须安装额外的控制器；
- 传感器的安装允许从 0%～100% 满管（完全充满）的流量测量；

◆ OCM F 多普勒变送器可以直接控制电动阀；

◆ 流量测量误差在 ±10% 以内。

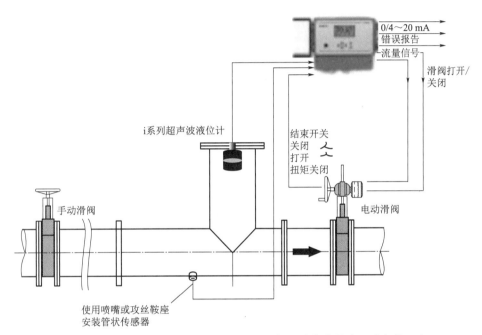

图 1-7-2 实现 0% ～ 100% 满管测量的插入式多普勒流量计安装示意

图 1-8-1　渠道内安装的多普勒流量计实景

　　排水管网和水体的流量和液位测量是水质测量行业的"痛点"、技术难点和关注热点。在与同行的线下沟通中，我们发现业界人员普遍对流量和液位的测量存在某些误区。为了系统地介绍排水管网及水体的流量和液位测量，NIVUS 的微信公众号每周将分别分享一篇典型案例、一篇技术分析、一篇产品简介、一篇拓展应用和一篇有问有答。

　　如有任何流量和液位测量的难题，可通过电话、微信或微信公众号留言联系我们，我们将在"有问有答"专栏回答大家关心的问题。

8.1 项目背景

◆ 混凝土矩形渠道，宽 1 000 mm；

◆ 部分充满；

◆ 昼夜进水波动大。

8.2 测量要求

◆ 污水处理厂进水区的连续流量测量；

◆ 避免额外的外部液位测量；

◆ 仅用于监控，需要控制成本；

◆ 不需要高精度；

◆ 传感器安装快速、简便。

8.3 解决方案

◆ 采用基于多普勒原理的 OCM F 型流量计；

◆ 楔形流速传感器安装在矩形渠道的中心；

◆ 流速传感器配备了压力测量单元，以避免需要额外的外部液位测量仪器。

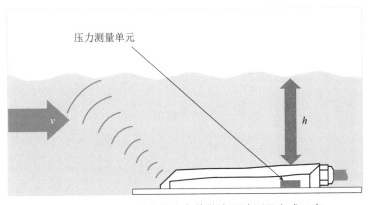

图 1-8-2 渠道内安装的多普勒流量计测量方式示意

8.4 优点

◆ 安装简便、快速、稳固；

◆ 经济有效的测量；

◆ 同一传感器内进行速度和液位测量。

图 1-9-1 "V" 形渠道实景

排水管网和水体的流量和液位测量是水质测量行业的"痛点"、技术难点和关注热点。在与同行的线下沟通中，我们发现业界人员普遍对流量和液位的测量存在某些误区。为了系统地介绍排水管网及水体的流量和液位测量，NIVUS 的微信公众号每周将分别分享一篇典型案例、一篇技术分析、一篇产品简介、一篇拓展应用和一篇有问有答。

如有任何流量和液位测量的难题，可通过电话、微信或微信公众号留言联系我们，我们将在"有问有答"专栏回答大家关心的问题。

9.1 项目背景

- 混凝土 "V" 形渠道，上部宽 6 000 mm；
- 部分充满；
- 昼夜进水波动大。

9.2　测量要求

◆ 连续流量测量；

◆ 避免额外的外部液位测量；

◆ 需要高精度；

◆ 传感器安装快速、简便。

9.3　解决方案

◆ 现场快速设置"V"形渠道的外形尺寸；

◆ 采用基于互相关原理的楔形传感器；

◆ 楔形流速传感器安装在"V"形渠道底部的左右两侧；

◆ 流速传感器配备了压力测量单元，以避免需要额外的外部液位测量仪器。

9.4　优点

◆ 安装简便、快速、稳固；

◆ 高精度的流量测量；

◆ 同一传感器内进行速度和液位测量。

图 1-10-1　替代电磁流量计的插入式互相关流量计实体

　　排水管网和水体的流量和液位测量是水质测量行业的"痛点"、技术难点和关注热点。在与同行的线下沟通中，我们发现业界人员普遍对流量和液位的测量存在某些误区。为了系统地介绍排水管网及水体的流量和液位测量，NIVUS 的微信公众号每周将分别分享一篇典型案例、一篇技术分析、一篇产品简介、一篇拓展应用和一篇有问有答。

　　如有任何流量和液位测量的难题，可通过电话、微信或微信公众号留言联系我们，我们将在"有问有答"专栏回答大家关心的问题。

10.1　项目背景

◆ DN 1000 钢管；

- 管道内介质为回流污泥，干物质含量为 1%；
- 满流；
- 管道中现有电磁流量计有故障，需要更换。

10.2 测量要求

- 经济高效地安装新的流量测量计；
- 尽量避免拆除现有的有故障的电磁流量计（成本考虑）；
- 安装时，不能中断系统的运行。

10.3 解决方案

- NivuFlow750 固定安装的互相关流量测量系统，配套杆式超声波互相关流量计，插入式安装；
- 在有故障的电磁流量计的上游，将带有安装件和球阀的安装系统焊接固定在管道上；
- 在管道中钻出一个孔，然后将传感器旋入。

图 1-10-2 插入式互相关流量计施工现场

10.4 优点

- ◆ 极短时间内快速轻松地进行改装；
- ◆ 安装简便、快速、稳固；
- ◆ 适用于含有高浓度悬浮物水体的流量测量；
- ◆ 由于不需要移除旧的测量系统，因此节省了成本；
- ◆ 无须中断系统的运行；
- ◆ 高精度和可靠性。

11 金矿加工厂排放水的流量测量

图 1-11-1　金矿加工厂现场

　　排水管网和水体的流量和液位测量是水质测量行业的"痛点"、技术难点和关注热点。在与同行的线下沟通中，我们发现业界人员普遍对流量和液位的测量存在某些误区。为了系统地介绍排水管网及水体的流量和液位测量，NIVUS 的微信公众号每周将分别分享一篇典型案例、一篇技术分析、一篇产品简介、一篇拓展应用和一篇有问有答。

　　如有任何流量和液位测量的难题，可通过电话、微信或微信公众号留言联系我们，我们将在"有问有答"专栏回答大家关心的问题。

11.1　应用场景

　◆　不锈钢管，DN 500；

- 管道内的液位剧烈波动；
- 酸化的、高浊度的水。

11.2 测量任务

- 更换发生故障的外夹式流量计；
- 持续的流量测量，以监控酸化水的净化设备；
- 在波动的液位、变化的浊度和含酸性物质的条件下也能进行可靠测量。

11.3 解决方案

- 采用具有数字模式识别的互相关流量计测量，使本项目的污染负荷不影响速度测量；
- 耐腐蚀的 POA 型杆式传感器，通过焊接喷，嘴以底部连接的方式从下部安装。传感器将液位和流量读数直接提供给变送器；
- 变送器计算当前流量并通过 Modbus 通讯协议，将数据传输到上位机的控制系统。

图 1-11-2 应用于腐蚀性、高浊度液体的插入式互相关流量计安装现场

11.4 优点

◆ 可简便地改装，无须拆卸现有管道；

◆ 即使在强烈变化的流入状态下也能可靠、无故障地测量；

◆ 可快速、简便地进行安装和调试；

◆ 以多种语言进行编程和调试。

图 1-12-1　拟定测量渠道现场

　　排水管网和水体的流量和液位测量是水质测量行业的"痛点"、技术难点和关注热点。在与同行的线下沟通中，我们发现业界人员普遍对流量和液位的测量存在某些误区。为了系统地介绍排水管网及水体的流量和液位测量，NIVUS 的微信公众号每周将分别分享一篇典型案例、一篇技术分析、一篇产品简介、一篇拓展应用和一篇有问有答。

　　如有任何流量和液位测量的难题，可通过电话、微信或微信公众号留言联系我们，我们将在"有问有答"专栏回答大家关心的问题。

12.1　应用场景

◆ 混凝土矩形渠道，6 000 mm×4 000 mm（宽 × 深）;

◆ 部分充满；

◆ 从上游的几个渠道同时汇集到一个总的渠道；

◆ 测量点上游的平直段长度未达到 10 倍测量点管径的距离要求。

12.2 测量任务

◆ 测量排入受纳水体的总排放量；

◆ 测量值应通过模拟和数字输出传输到上位机的控制系统；

◆ 在每组渠道的溢流量不同的情况下也具有高精度的测量结果。

12.3 解决方案

◆ 提供最高的测量动态和精度，使用了由 NF750 互相关流量计组成的测
量系统；

◆ 通过同时使用三组互相关流速传感器，可以测量现有的不对称流动；

◆ 传感器安装在通道底部，并安装防护金属板，可防止传感器被损坏。

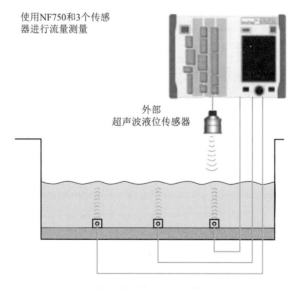

图 1-12-2　流速传感器和液位传感器布置示意

12.4 优点

- ◆ 安装成本低；
- ◆ 通过使用三组互相关流速传感器，可以达到要求的测量精度；
- ◆ 设备免维护。

图1-13-1　拟定测量点的现场

　　排水管网和水体的流量和液位测量是水质测量行业的"痛点"、技术难点和关注热点。在与同行的线下沟通中，我们发现业界人员普遍对流量和液位的测量存在某些误区。为了系统地介绍排水管网及水体的流量和液位测量，NIVUS 的微信公众号每周将分别分享一篇典型案例、一篇技术分析、一篇产品简介、一篇拓展应用和一篇有问有答。

　　如有任何流量和液位测量的难题，可通过电话、微信或微信公众号留言联系我们，我们将在"有问有答"专栏回答大家关心的问题。

13.1　应用场景

- 玻璃钢管，DN 2400；
- 部分充满；
- 来自发电厂的冷却水（海水）。

13.2　测量任务

- 流速在 6 m/s 以内，高精度测量流量；
- 管道上不允许开孔。

13.3　解决方案

- 采用由 NF750 互相关流量计组成的测量系统；
- 选用高性能 CS2 型互相关流速传感器，该传感器基于超声波互相关原理；
- 传感器通过安装板和特有的合成树脂黏合剂固定在管道底部；
- 为实现有冗余的液位测量，额外安装了使用 NivuMaster L2 和 P10 传感器的外部液位测量仪器。

图 1-13-2　玻璃钢管内安装流速传感器现场

13.4 优点

◆ 安装工程量较小；

◆ 流量测量在所有流速范围内均稳定且可靠。

图 1-14-1 拟定测量渠道现场

　　排水管网和水体的流量和液位测量是水质测量行业的"痛点"、技术难点和关注热点。在与同行的线下沟通中，我们发现业界人员普遍对流量和液位的测量存在某些误区。为了系统地介绍排水管网及水体的流量和液位测量，NIVUS 的微信公众号每周将分别分享一篇典型案例、一篇技术分析、一篇产品简介、一篇拓展应用和一篇有问有答。

　　如有任何流量和液位测量的难题，可通过电话、微信或微信公众号留言联系我们，我们将在"有问有答"专栏回答大家关心的问题。

14.1 应用场景

- 8 个矩形混凝土箱涵,并行或交叉工作;
- 尺寸在 2 000 mm × 2 000 mm 和 3 000 mm × 2 000 mm(宽 × 高)之间;
- 完全充满;
- 介质为从河道中抽取的地表水;
- 在下游安装闸门进行控制。

14.2 测量任务

- 进行流量测量,并向管理部门申请冷却水抽取许可;
- 规定低液位下的最大允许抽取量;
- 测量局部水量分布。

14.3 解决方案

- 在所有测量点应用基于超声波时差法原理的流量测量方法;
- 采用了 NF 650 超声波时差法变送器和 NIS-V300 型楔形传感器;
- 每个测量点布置 2 个测量路径,且 2 个测量路径位于矩形渠道的不同高度。

图 1-14-2 渠道内安装流速传感器现场

14.4 优点

- ◆ 测量精度高；
- ◆ 测量结果可靠；
- ◆ 免维护。

第二章　产品简介 ◀《

1 NFM750 便携式互相关流量计

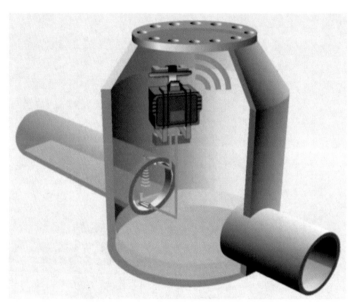

图 2-1-1　便携式互相关流量计安装示意

　　排水管网和水体的流量和液位测量是水质测量行业的"痛点"、技术难点和关注热点。在与同行的线下沟通中，我们发现业界人员普遍对流量和液位的测量存在某些误区。为了系统地介绍排水管网及水体的流量和液位测量，NIVUS 的微信公众号每周将分别分享一篇典型案例、一篇技术分析、一篇产品简介、一篇拓展应用和一篇有问有答。

　　如有任何流量和液位测量的难题，可通过电话、微信或微信公众号留言联系我们，我们将在"有问有答"专栏回答大家关心的问题。

　　德国 NIVUS 是全球领先的测量系统开发商、制造商和服务商，其产品范围包括用于流量、液位和水质的计量装置以及远程控制系统，另外还开展了高精度的城市排水测量项目。

NivuFlow Mobile 750（以下简称 NFM750）便携式互相关流量计是适用于部分充满或全部满管的排水管网的具有高精度的便携式流量计量设备，已持续更新了 21 年，始终保持着地下管网流量测量的最高标准。

经过已验证的、可靠的电源管理和内置调制解调器，NFM750 便携式互相关流量计允许通过自动数据传输进行长时间和稳定的流量和液位等的测量。

NFM750 便携式互相关流量计安装现场见图 2-1-2。

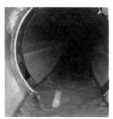

图 2-1-2　NFM750 便携式互相关流量计安装现场

1.1　流量原理

超声波互相关法流量计为速度 – 面积法流量计，测量原理见图 2-1-3。测量流量（Q）需要测量两个因素：平均流速（$v_{平均}$）和过流面积（A）。采用以下通用计算公式：

$$Q = v_{平均} \cdot A$$

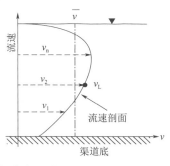

图 2-1-3　速度 – 面积法流量测量原理

1.1.1 流速（v）的精确测量

NIVUS 互相关流量计基于超声波互相关原理，由传感器连续扫描水中多个颗粒或气泡，将反射信息存储为图像，基于频率特征识别粒子，根据脉冲重复频率确定两个脉冲之间的 T_{PRF} 时差（Δt），根据这个时差和距离间隔得到颗粒或气泡的速度，从而得到这个点的流速。可以把超声波互相关流量计想象为超声波相机：互相关流量计可以记录超声波束内的水平和垂直方向上多个颗粒或气泡，如同测量"颗粒云"，并在几毫秒内对颗粒或气泡进行相互比较（两张照片的比对）。互相关流量计的优点包括：测量的是实际流速而不是拟合值，无须对流量计进行校准，数据无需二次处理（即数据清洗），在复杂条件下具有极高的测量精度。

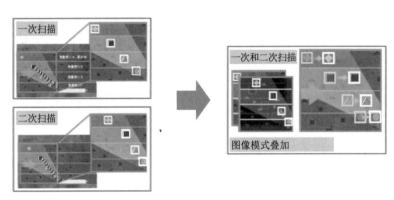

图 2-1-4　互相关流量计测量原理示意图

1.1.2 过流面积（A）的精确测量

互相关流量计通过连续测量包含渠道、管道或箱涵的充满度来确认过流的横截面面积（A）。液位变化会导致过流横截面面积的变化，因此为获得准确的数据需要在所有水力条件下进行精确、可靠的液位测量。排水管网中含有较多的杂质，需要考虑多重、冗余的液位测量，以确保在非满管等复杂情况下液位的精确测量，提供更多的数据判断可能存在的问题。

1.2　应用领域

NFM750 便携式相互关流量计适合使用的领域为：

0%～100% 满管的轻度到重度污染介质的高精度流量测量（图 2-1-5）。

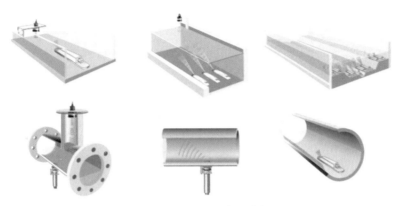

图 2-1-5　便携式互相关流量计应用场景示

该设备可以解决如下测量难题：

- 0%～100% 满管：采用 NIVUS 互相关流量计和空气超声波相结合的办法，可以解决 0%～100% 满管的流量测量问题；
- 沉积物：采用互相关流量计偏心安装的方式，规避沉积物对流量测量的影响；
- 超临界流体条件：NIVUS 互相关流量计可以测量 -1～6 m/s 的流速范围，在低液位和高流速的超临界条件下，也可以稳定运行；
- 旋流、逆流和压力流：NIVUS 互相关流量计可以测量最多 16 层流速，测量 -1～6 m/s 的流量范围；
- 超低流速：NIVUS 互相关流量计可以测量如 0.05 m/s 的超低流速；
- 高流速：NIVUS 互相关流量计可以测量高达 6 m/s 的高流速；
- 低浊度的应用：NIVUS 互相关流量计可以测量低浊度和低流速水中的气泡，从而精确测量低浊度水的流速；
- 小直径管道：NIVUS 互相关流量计可以测量低至 DN 150 非满管流量；
- 大尺寸的断面；
- 前后平直段的距离不足；
- 断面尺寸变化等。

1.3 产品特点

NFM750 便携式互相关流量计可以实时测量瞬时流量、累计流量、瞬时流速、水温和液位。产品有如下特点：

- 实际流速剖面的实时测量，测量精度高；
- 集成的数字化流体模型，可完成部分充满和完全充满的管道及渠道中的测量；
- 适用于极端困难的应用场景；
- 最多接 3 个流速传感器；
- 传感器绝对零点稳定，无漂移；
- 防爆 1 区认证；
- 配套匹配的安装附件，安装工作量小；
- 稳定的长距离信号传输；
- 电池寿命长，可使用由用户更换的可充电电池；
- 广泛的诊断功能，可实现可靠的初始启动和快速维护；
- 初始调试操作简单，可以通过智能手机、平板电脑和笔记本电脑操作。

1.4 技术参数

NFM750 便携式互相关流量计技术参数见表 2-1-1。

表 2-1-1　NFM750 便携式互相关流量计技术参数

项　目	要　求
测量原理	速度 - 面积流量测定法，带 16 层流速扫描的实际流速剖面测量的超声波交叉相关原理
功能	同步测量瞬时流速、瞬时流量、累积流量、温度、液位
传感器形式	包含液位、流速和温度的三合一复合传感器，楔形传感器
流速测量范围	$-1.0 \sim 6.0$ m/s

续表

项　目	要　　求
液位测量范围	0% ～ 100% 满管
流速的测量误差	流速＜ 1 m/s 时：测量值的 ±0.5%+5 mm/s； 流速＞ 1 m/s 时：测量值的 1% 以内
流量的测量误差	在满足测量条件下，流量测量误差 ≤ ±3%
液位的测量误差	量值的 ±0.5%
防护等级	传感器：IP68
防爆等级	II 2G Ex ib IIB T4 Gb（ATEX），Ex ib IIB T4 Gb（IECEX）
供电方式	可充电电池或外接太阳能电池
产品设计寿命	整体设计使用寿命 10 年，10 年后经送厂检修，可以再次使用
耐压范围	40 m 水压
传感器的维护工作量	日常维护工作量小，互相关传感器可以做到连续一年免维护

1.5　操作方式

可以使用安装在智能手机、平板电脑或笔记本电脑等设备上的浏览器，对测量系统的操作进行密码保护。不需要其他软件或特殊应用程序。由于可以在不需要打开外壳的情况下使用变送器，所以即使在恶劣的环境或天气条件下也可以正常操作。

1.6　通信方式

通过 WLAN 设置与设备连接，可以使用 GPRS、UMTS 和 LTE 进行无线数据传输（图 2-1-6）。

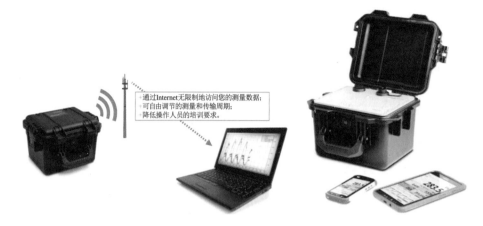

图 2-1-6　便携式互相关流量计通信方式示意

1.7　电池寿命

不同使用情况下 NFM750 便携式互相关流量计电池寿命见表 2-1-2。

表 2-1-2　不同使用情况下 NFM750 便携式互相关流量计电池寿命

单位：d

NFM750 配套 CSM-D 传感器和 2 组电池			
存储周期	GPRS 传输周期		
	不传输	24 h	12 h	6 h
1 min	73	73	73	72
2 min	132	131	130	129
3 min	179	178	177	174
5 min	252	250	248	243
10 min	364	359	354	345
15 min	427	420	413	401
30 min	516	506	496	479
60 min	576	564	552	529

1.8 设备参数

NFM750 便携式互相关流量计变送器设备参数见表 2-1-3。

表 2-1-3 NFM750 便携式互相关流量计变送器设备参数

项目	具体参数
测量原理	超声波互相关法，可以测量剖面流速分布
电源	2× 可充电电池，12 V/15 A · h，铅凝胶 充电器 100 ～ 240 V AC/50 ～ 60 Hz/50 V · A
外壳	材料：HPX 高性能合成树脂 种类：约 2.2 kg （不含电池和安装件）
保护	关闭时 IP68/ 打开时 IP67
操作温度	−20 ～ 50℃
存储温度	−20 ～ 70℃
显示	LED 状态灯（RGB）
防爆认证	可选项：II 2G Ex eb ib mb IIB T4 Gb
操作	磁铁开关，通过 WLAN 使用智能手机、平板电脑、笔记本电脑控制
输入	2×0/4 ～ 20 mA（主动 / 被动） 1×0/4 ～ 20 mA（被动） 1× 有源数字输入 1× 用于电池充电器或替代电源的连接插座 1× 用于流速传感器、组合传感器和液位传感器的连接插座
输出	1× 模拟输出 0 ～ 10 V 1× 无电位数字输出 as SPDT/ bistable 1×USB 通过内存卡读出
存储周期	5 s ～ 60 min，周期性或基于事件
数存存储	内存，涵盖 1.5 年，每 5 min 的测量间隔

续表

项目	具体参数
数存传输	通过插入式的 USB 内存卡 通过 WLAN 通过 GPRS、UMTS、LTE

NFM750 便携式互相关流量计传感器设备参数见表 2-1-4。

表 2-1-4　NFM750 便携式互相关流量计传感器设备参数

项目	具体参数
测量原理	超声波互相关法，测量剖面流速
保护	IP68
防爆认证	II2sD Ex ib IIB T4 Gb
测量范围	$-100 \sim 600$ cm/s
操作温度	$-20 \sim 50/65℃$ （$-20 \sim 40℃$ inEx Zone 1）
操作压力	CSM：最大 4 bar,CSM-D：最大 1 bar
扫描层数	最多 16 层
测量不准确性	＜测量值的 1%（$v > 1$ m/s）（每个扫描层） ± 平均值的 0.5%+5 mm/s（$v < 1$ m/s）
零点漂移	绝对零点稳定
CSM-D、CSP：液压测量 – 压力测量	
测量范围	$0 \sim 500$ cm
绝对零点漂移	最大为最终值的 0.75%
测量不准确性	＜最终值的 0.5%
DSM 液位传感器	
测量原理	传播时间差法 / 空气超声波
保护	IP68

续表

项目	具体参数
防爆认证 （选择项）	II 2G Ex ib IIB T4 Gb
测量范围	0 ～ 200 cm
测量不准确性	＜ ± 5 mm
盲区	（地面上）4 cm

2 NF750 固定安装式互相关流量计

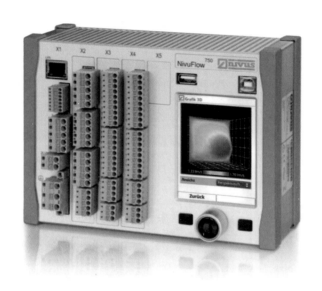

图 2-2-1　固定安装式互相关流量计的变送器外观

　　排水管网和水体的流量和液位测量是水质测量行业的"痛点"、技术难点和关注热点。在与同行的线下沟通中，我们发现业界人员普遍对流量和液位的测量存在某些误区。为了系统地介绍排水管网及水体的流量和液位测量，NIVUS 的微信公众号每周将分别分享一篇典型案例、一篇技术分析、一篇产品简介、一篇拓展应用和一篇有问有答。

　　如有任何流量和液位测量的难题，可通过电话、微信或微信公众号留言联系我们，我们将在"有问有答"专栏回答大家关心的问题。

　　德国 NIVUS 集团是知名的测量系统开发商、制造商和服务商。公司的产品范围包括用于流量、液位和水质的计量装置以及远程控制系统。公司还开展了高精度的城市排水测量项目。

NIVUS 生产的 NF750 固定安装式互相关流量计，用于部分充满和满管的排水管网的高精度和稳定的流量计量，已持续更新了 21 年，始终以高标准保持着地下管网流量测量的水平。

2.1 流量原理

超声波互相关流量计为速度－面积法流量计。测量流量（Q）需要测量两个因素：平均流速（$v_{平均}$）和过流面积（A）。采用以下通用计算公式：

$$Q = v_{平均} \cdot A$$

流量测量原理及示意见图 2-1-3。

2.1.1 流速（v）的精确测量

NIVUS 互相关流量计基于超声波互相关原理，传感器连续扫描水中多个颗粒或气泡，反射信息存储为图像，基于频率特征的粒子识别，根据脉冲重复频率确定两个脉冲之间的时间 T_{PRF} 差（Δt），根据这个时差和距离间隔得到颗粒或气泡的速度，从而得到这个点的流速。可以把超声波互相关流量计想象为超声波相机：互相关流量计可以记录超声波束内的水平和垂直方向多个颗粒或气泡，如同测量"颗粒云"，并在几毫秒内对颗粒或气泡进行相互比较（两张照片的比对）。互相关流量计的优点：测量实际流速而不是拟合值，无须对流量计进行校准，无须数据二次处理（即数据清洗），在复杂条件下具有极高的测量精度。

互相关流量计测量原理及示意见图 2-1-4。

2.1.2 过流面积（A）的精确测量

通过连续测量包含渠道、管道或箱涵的充满度来确认过流的横截面面积（A）。液位变化会导致过流横截面面积的变化，因此精确的流量测量需要在所有水力条件下进行精确可靠的液位测量。排水管网中含有较多的杂质，需要考虑多重、冗余的液位测量解决方案，确保在非满管等复杂情况下液位的精确测量，提供更多的数据判断可能存在的问题。

2.2 应用领域

适合使用的领域：

0% ～ 100% 满管的轻度到重度污染介质的高精度流量测量（具体示意详见图 2-1-5）。

可以解决如下测量难题：

- 0% ～ 100% 满管：采用 NIVUS 互相关流量计和空气超声波相结合的办法，可以解决 0% ～ 100% 满管的流量测量；
- 沉积物：采用互相关流量计偏心安装的方式，规避沉积物对流量测量的影响；
- 超临界流体条件：NIVUS 互相关流量计可以测量 -1 ～ 6 m/s 的流速范围，在低液位和高流速的超临界条件下，也可以稳定运行；
- 旋流、逆流和压力流：NIVUS 互相关流量计可以测量最多 16 层流速，测量 -1 ～ 6 m/s 的流量范围；
- 超低流速：NIVUS 互相关流量计可以测量如 0.05 m/s 的超低流速；
- 高流速：NIVUS 互相关流量计可以测量高达 6 m/s 的高流速；
- 低浊度的应用：NIVUS 互相关流量计很灵敏，可以测量低浊度和低流速水中的气泡，从而精确测量低浊度水的流速；
- 小直径管道：NIVUS 互相关流量计可以测量低至 DN 150 非满管流量；
- 大尺寸的断面；
- 前后平直段的距离不足；
- 断面尺寸变化等问题。

2.3 产品特点

NF750 固定安装式互相关流量计可以实时测量瞬时流量、累计流量、瞬时流速、水温和液位。产品有如下特点：

- 测量精度高；

◆ 同样适用于极端困难的应用场景；

◆ 最多达 3 个测量点和 9 个流量传感器（M9 版）；

◆ 实际流速剖面的实时测量；

◆ 直观、现代的操作理念，可快速轻松地进行初始调试；

◆ 集成的数字化流体模型，部分充满和完全充满的管道及渠道中的测量；

◆ 用于户外使用的带保护罩版本；

◆ 防爆 1 区认证；

◆ 高分辨率的图形日光显示；

◆ 广泛的诊断功能，可实现可靠的初始启动和快速维护；

◆ 紧凑的结构，适合小型控制柜；

◆ 易于连接的连接点，快速接线；

◆ 通用的标准化接口，易于集成；

◆ 通过互联网的在线连接／数据传输和远程维护；

◆ 经英国 MCERTS 认证。

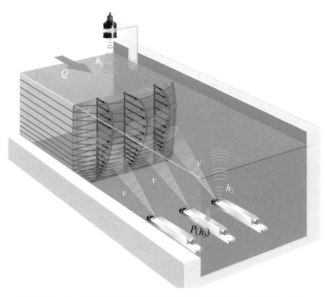

图 2-2-2　安装多组传感器的固定安装式互相关流量计

2.4 技术参数

NF750 固定安装式互相关流量计技术参数见表 2-2-1。

表 2-2-1 固定安装互相关传感器技术参数

项　目	要　求
测量原理	流速测量原理：速度 – 面积流量测定法，带 16 层流速扫描的实际流速剖面测量的超声波交叉相关原理
功能	同步测量瞬时流速、瞬时流量、累积流量、温度和液位
变送器壳体	铝、塑料（控制柜安装）、塑料（现场外壳）
电源	100 ～ 240 V AC, +10% /–15%, 47 ～ 63 Hz 或 10 ～ 35 V DC
输入电流	一般为 14 V · A
工作温度	–20 ～ 70℃
最大空气湿度	80%, 不冷凝
显示	240×320 像素 , 65536 色
操作	旋转按钮，2 个功能键，德语、英语和中文等语言的菜单导航
连接	带笼式弹簧夹的插头
输入	最多 7×4 – 20 mA, 最多 4×RS485 用于连接至多 9 个流速传感器（通过多路复用器）
输出	最多 4×0/4 – 20 mA, 最多 5× 继电器（更换器）
数据存储	内存 1.0 GB, 可通过 USB 存储设备在前面板上读取
通信	Modbus，HART，TCP/IP
传感器形式	包含液位、流速和温度的三合一复合传感器，楔形传感器
流速测量范围	–1.0 ～ 6.0 m/s
液位测量范围	0% ～ 100% 满管
流速的测量误差	流速 < 1 m/s 时，测量值的 ±0.5%+5 mm/s； 流速 > 1 m/s 时，测量值的 ±1%

续表

项　目	要　求
流量的测量误差	在满足测量条件下，流量测量误差 ≤ ±3%
液位的测量误差	测量值的 ±0.5%
防护等级	传感器：IP68； 变送器：IP20
防爆等级	II 2G Ex ib IIB T4 Gb（ATEX），Ex ib IIB T4 Gb（IECEX）
传感器的维护工作量	日常维护工作量小，互相关传感器可以做到连续一年免维护

2.5　流速传感器连接数量

NF750 变送器可以连接最多 3 个测量点和 9 个流速传感器。

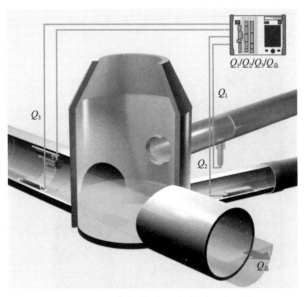

图 2-2-3　多组传感器多个测量点示意

2.6 操作方式

旋转按钮，2 个功能键，德语、英语和中文等语言的菜单导航。

图 2-2-4 旋转按钮及显示界面

2.7 变送器安装方式

2.7.1 电控柜内安装

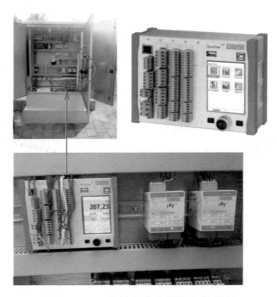

图 2-2-5 电控柜内变送器安装现场

2.7.2 室外安装

可以采用室外保护罩，将变送器的防水等级提升至 IP67 或 IP68。

图 2-2-6 变送器室外安装现场

2.8 设备连接方式

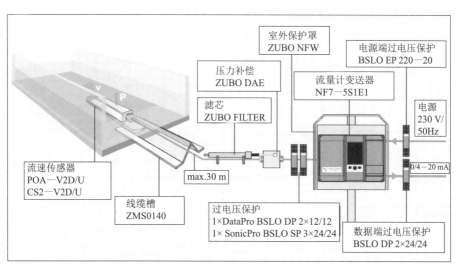

图 2-2-7 变送器室外安装示意

3 NPP 便携式管道断面流量仪

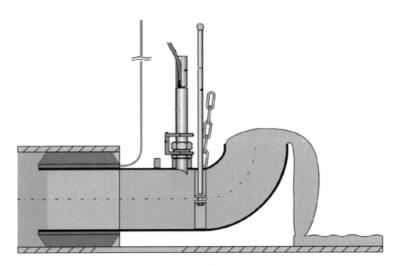

图 2-3-1　NPP 便携式管道断面流量仪安装示意

　　排水管网和水体的流量和液位测量是水质测量行业的"痛点"、技术难点和关注热点。在与同行的线下沟通中，我们发现业界人员普遍对流量和液位的测量存在某些误区。为了系统地介绍排水管网及水体的流量和液位测量，NIVUS 的微信公众号每周将分别分享一篇典型案例、一篇技术分析、一篇产品简介、一篇拓展应用和一篇有问有答。

　　如有任何流量和液位测量的难题，可通过电话、微信或微信公众号留言联系我们，我们将在"有问有答"专栏回答大家关心的问题。

　　德国 NIVUS 是全球领先的测量系统开发商、制造商和服务商。公司的产品范围包括用于流量、液位和水质的计量装置以及远程控制系统。公司还开展了高精度的城市排水测量项目。

NIVUS 的流量测量系统代表着创新、可靠和高精度。

NPP 便携式管道断面流量计是对经典的 Nivu Flow Mobile 750 移动流量测量系统的扩展应用，主要用于对 DN 150 ~ 600 的小管道的流量测量。

即使在困难的条件下，如低流量或低液位等不利流量测量的条件下，NPP 管道断面流量仪也能确保高精度地测量管道的流量。

3.1 流量原理

超声波互相关流量计为速度 - 面积法流量计。测量流量（Q）需要测量两个因素：平均流速（$v_{平均}$）和过流面积（A）。采用以下通用计算公式：

$$Q = v_{平均} \cdot A$$

3.1.1 流速（v）的精确测量

流量测量原理及示意见图 2-1-3。

NPP 管道断面流量仪也基于超声波互相关原理，传感器连续扫描水中多个颗粒或气泡，反射信息存储为图像，基于频率特征的粒子识别，根据脉冲重复频率确定两个脉冲之间的 T_{PRF} 时差（Δt），根据这个时间差和距离间隔得到颗粒或气泡的速度，从而得到这个点的流速。可以把超声波互相关流量计想象为超声波相机：互相关流量计可以记录超声波束内的水平和垂直方向多个颗粒或气泡，如同测量"颗粒云"，并在几毫秒内对颗粒或气泡进行相互比较（两张照片的比对）。互相关流量计的优点：测量实际流速而不是拟合值，无须对流量计进行校准，无须数据二次处理（即数据清洗），在复杂条件下具有极高的测量精度。

互相关流量计测量原理及示意见图 2-1-4。

3.1.2 过流面积（A）的精确测量

实际运行中，NPP 管道断面流量仪为满管运行。

3.2 设备组成

NPP 管道断面流量仪由 NFM750 变送器、CSM 插入式互相关流量计和

NPP 组件组成。

NPP 组件的构成如图 2-3-2 所示。

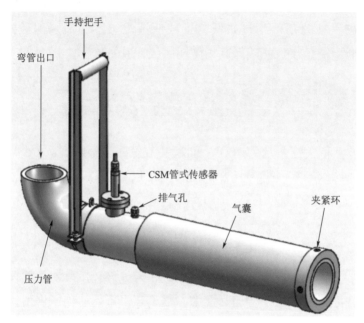

图 2-3-2　NPP 的设备组成

NPP 的直径为 DN 150 ～ 600，具体参数见表 2-3-1：

表 2-3-1　不同管径 NPP 的设备尺寸

NPP 种类	外径 ϕ/ mm	内径 ϕ/ mm	种类[*]/ kg	总长/ mm	用于安装的 管道直径范围 ϕ/mm	最大流量/ （L/s）	1 m 弯头 时的流量/ （L/s）
DN 150	148	90	11	835	150 ～ 300	大约 38	大约 17
DN 200	190	141.8	15	970	195 ～ 500	大约 95	大约 42
DN 300	290	199.4	27	1 195	295 ～ 600	大约 187	大约 76

[*] 电缆和空气软管的传感器

3.3　安装方式

NPP 的安装步骤如图 1-5-3 所示。

3.4　适用范围

NPP 管道断面流量仪适用 DN 150 ～ 600 的流量测量，可以用于：

◆ 入流入渗量的测量；

◆ 污水处理厂的提质增效；

◆ 确定汇水分区和改造范围；

◆ 确认调蓄池容积；

◆ 引入地下管网管理系统；

◆ 水力计算模型的校准依据；

◆ 进水水量的控制；

◆ 限流阀的流量控制；

◆ 确定新计费网络的基本数据。

3.5　产品特点

NPP 管道断面流量仪可以实时测量流速、流量、水温。产品有如下特点：

◆ 可以适用超低流速和超低液位；

◆ 超高精度，流量测量误差 ≤ ±2%；

◆ 采用气囊的临时测量 / 不锈钢密封的长期测量；

◆ 插入式互相关传感器可靠流速测量；

◆ 绝对零点稳定，无漂移；

◆ 管道中精确定义的截面面积；

◆ 具有理想流量曲线的全管测量；

◆ 借助引导式传感器座，传感器始终处于正确位置；

- 可用于 DN 150 ～ 600 各种直径的管道；
- 轻巧，可以由一个人安装；
- 可以在运行条件下安装；
- 稳定的长距离信号传输；
- 超长电池寿命；
- 可由用户更换的可充电电池；
- 可以通过智能手机、平板电脑和笔记本电脑操作；
- 适用极端环境条件。

图 2-3-3　NPP 变送器实物

3.6　操作方式

可以使用安装在智能手机、平板电脑或笔记本电脑等设备上的浏览器，对测量系统的操作进行密码保护。不需要其他软件或特殊应用程序。由于可以在不需要打开外壳的情况下使用变送器，即使在恶劣的条件下或在恶劣的天气下也可以方便、快捷地操作该装置。

3.7　通信方式

通过 GPRS 与云端服务器通信。

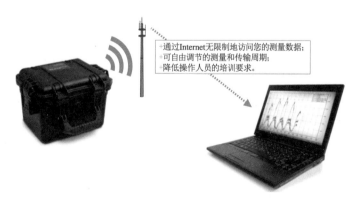

+通过Internet无限制地访问您的测量数据；
+可自由调节的测量和传输周期；
+降低操作人员的培训要求。

图 2-3-4　NPP 通信方式示意

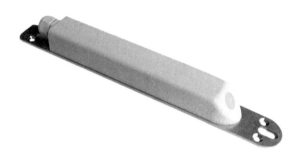

图 2-4-1　楔形互相关传感器

　　排水管网和水体的流量和液位测量是水质测量行业的"痛点"、技术难点和关注热点。在与同行的线下沟通中，我们发现业界人员普遍对流量和液位的测量存在某些误区。为了系统地介绍排水管网及水体的流量和液位测量，NIVUS 的微信公众号每周将分别分享一篇典型案例、一篇技术分析、一篇产品简介、一篇拓展应用和一篇有问有答。

　　如有任何流量和液位测量的难题，可通过电话、微信或微信公众号留言联系我们，我们将在"有问有答"专栏回答大家关心的问题。

　　楔形互相关传感器可以配套固定安装式变送器或便携式安装变送器，在管道、渠道和箱涵等各种尺寸的应用场景内安装和使用。

4.1 流量原理

　　超声波互相关法流量计为速度 – 面积法流量计。测量流量（Q）需要测量两个因素：平均流速（$v_{平均}$）和过流面积（A）。采用以下通用计算公式：

$$Q = v_{平均} \cdot A$$

流量测量原理及示意见图 2-1-3。

4.1.1　流速（v）的精确测量

NIVUS 互相关流量计基于超声波互相关原理，传感器连续扫描水中多个颗粒或气泡，反射信息存储为图像，基于频率特征的粒子识别，根据脉冲重复频率确定两个脉冲之间的 T_{PRF} 时间差（Δt），根据这个时间差和距离间隔得到颗粒或气泡的速度，从而得到这个点的流速。可以把超声波互相关流量计想象为超声波相机：互相关流量计可以记录超声波束内的水平和垂直方向多个颗粒或气泡，如同测量"颗粒云"，并在几毫秒内对颗粒或气泡进行相互比较（两张照片的比对）。互相关流量计的优点：测量实际流速而不是拟合值，无须对流量计进行校准，无须数据二次处理（即数据清洗），在复杂条件下具有极高的测量精度。

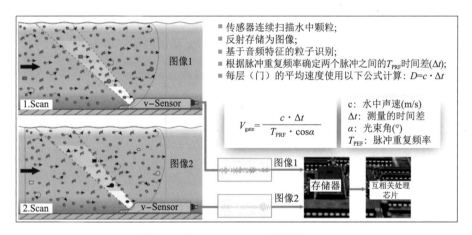

图 2-4-2　互相关流量计的测量原理

基于光束角度、传输信号之间的间隔和信号模式的移动，可以在每个单独测量窗口确定流速从数学的角度把单一流速串在一起，从而得到声学路径的流速剖面。这一速度剖面直接显示在 NivuFlow 的显示器上。

4.1.2　过流面积（A）的精确测量

通过连续测量包含渠道、管道或箱涵的充满度来确认过流的横截面面积（A）。液位变化会导致过流横截面面积的变化，因此精确的流量测量需要在所有水力条件下进行精确可靠的液位测量。排水管网中含有较多的杂质，需要考

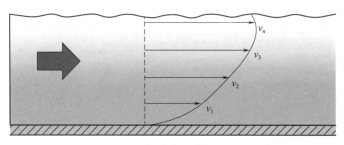

图 2-4-3 互相关流量计分层测量示意

虑多重、冗余的液位测量解决方案，确保在非满管等复杂情况下液位的精确测量，提供更多的数据判断可能存在的问题。

4.1.3 过流断面的流速分布图

如果在测量处有足够的平直段，就可以计算出三维的流速分布曲线。此结果基于水体的几何数据和流速分布。

图 2-4-4 互相关流量计的三维流速分布示例

以此流速分布为基础，可以通过考虑过流断面的形状、过流断面的尺寸和液位来计算和标明流量。此流量可作为自由编程模拟信号或作为变送器输出的脉冲信号。

4.2 应用领域

适合使用的领域：

0% ~ 100% 满管的轻度到重度污染介质的高精度流量测量。

可以解决如下测量难题：

◆ 0% ~ 100% 满管：采用互相关流量计和空气超声波相结合的办法，可以解决 0% ~ 100% 满管的流量测量；

◆ 沉积物：采用互相关流量计偏心安装的方式，规避沉积物对流量测量的影响；

◆ 超临界流体条件：互相关流量计可以测量 −1 ~ 6 m/s 的流速范围，在低液位和高流速的超临界条件下，也可以稳定运行；

◆ 旋流、逆流和压力流：NIVUS 互相关流量计可以测量最多 16 层流速，测量 −1 ~ 6 m/s 的流量范围；

◆ 超低流速：互相关流量计可以测量如 0.05 m/s 的超低流速；

◆ 高流速：互相关流量计可以测量高达 6 m/s 的高流速；

◆ 低浊度的应用：互相关流量计很灵敏，可以测量低浊度和低流速水中的气泡，从而精确测量低浊度水的流速；

◆ 小直径管道：互相关流量计可以测量低至 DN 150 的非满管流量；

◆ 大尺寸的断面；

◆ 前后平直段的距离不足；

◆ 断面尺寸变化等问题。

4.3 楔形互相关传感器的种类

楔形互相关传感器有不同形式和液位传感器的组合。需要根据测量点尺寸、前后平直段长度、测量精度要求、液位波动范围等选择。

图 2-4-5 不同种类楔形互相关传感器

表 2-4-1 不同种类楔形互相传感器简介

编号	传感器型号	结构形式	流速测量方法	液位测量方法	配套 NIVUS 变送器
1	POA–V2H1K POA–V2U1K	楔形,大型	互相关法	水中超声波或压力传感器 + 水中超声波	NivuFlow 750 或 NivuFlow 7550 或 PCM Pro 或 PCM 4 或 OCM Pro CF
2	POA–V200K POA–V2DOK	楔形,大型	互相关法	无液位计或压力传感器	NivuFlow 750 或 NivuFlow 7550 或 PCM Pro 或 PCM 4 或 OCM Pro CF
3	CS2–···K	楔形,大型	互相关法	无液位计或压力传感器或压力传感器 + 水中超声波	NF750
4	CSP	楔形,大型	互相关法	无液位计或压力传感器或压力传感器 + 水中超声波	NF750
5	CSM–V1DOK···D	楔形,小型	互相关法	压力传感器	NFM 750 或 NivuFlow 7550 或 PCM Pro 或 PCM 4 或 OCM Pro CF
6	CSM–V1DOK···P	楔形,小型	互相关法	压力传感器	NFM750

4.4 楔形互相关传感器的液位冗余测量

NIVUS 互相关流量计可以选择压力液位计、空气超声波和／或水中超声波等多种液位传感器进行液位测量;液位的冗余测量可以帮助判断地下管网的状态。

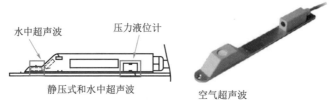

水中超声波　　压力液位计

静压式和水中超声波　　　　　空气超声波

图 2-4-6　不同测量原理的液位传感器

4.5　楔形互相关传感器的材质和防腐性能

　　NIVUS 楔形互相关传感器的材质，见表 2-4-2。这种材质配置可以保证楔形互相关传感器在地下管网环境中强悍的防腐性能。

表 2-4-2　楔形互相传感器的材质说明

编　号	部　位	材　质	耐热性	耐腐蚀性
1	传感器	PEEK 材质（聚醚醚酮）	瞬时使用温度可达 300℃；即使在较高的温度下，仍能保持良好的化学稳定性	耐化学腐蚀性（除浓硫酸外，PEEK 不溶于任何溶剂和强酸、强碱）
2	电缆	聚氨酯	韧性好、耐磨、耐寒（耐低温）、耐老化	耐酸碱，使用寿命长等许多优异的功能，适用油污、低温环境及极其恶劣场合
3	电缆表面和传感器接口	FEP-Coating	耐热性（200 ℃）、耐磨性和良好的耐蠕变性能	除与高温下的氟元素、熔融的碱金属和三氟化氯等发生反应外，与其他化学药品接触时均不被腐蚀
4	传感器背板	不锈钢 1.4571（316Tib）	——	抵抗硫酸、磷酸、乙酸、醋酸

4.6　楔形互相关传感器的使用寿命

　　在正常使用情况下，NIVUS 的楔形互相关传感器的设计使用寿命是 10

年；10 年后送厂检修后，可以再次使用。

　　NIVUS 的楔形互相关传感器已生产 21 年。目前，已有连续 18 年正常使用的案例。

4.7　楔形互相关传感器的维护和保养

　　楔形互相关传感器符合 IP68 要求，最多可以耐受 40 m 水压；

　　楔形互相关传感器可以满足 ATEX 0 区防爆；

　　液位冗余测量方式，可以提高测量精度并延长产品寿命。

Technical statement - Design life time of NIVUS cross-correlation flowmeter
关于 NIVUS 互相关流量计设计寿命的技术申明

To whom it may concern,

致敬启者：

We, NIVUS GmbH, who is a Leading manufacturer of measurement instrumentation for the water and wastewater industry, herewith confirms that NIVUS Cross Correlation Product / Design Life Time is 10 years under regular condition.

我方，NIVUS GmbH（德国尼沃斯集团），是全球领先的水和废水行业测量仪器的制造商；在此确认 NIVUS 互相关流量计在正常情况下的设计寿命为 10 年。

Date: 01.01.2021 (2021 年 1 月 1 日)

图 2-4-7　NIVUS 互相关流量计设计寿命的技术申明

　　楔形互相关传感器表面不容易生长微生物膜；即使楔形互相关传感器表面生长微生物膜，这种微生物膜也不影响互相关流量计的测量精度。

　　因此，水下安装的楔形互相关传感器日常维护工作量很小。

图 2-4-8　互相关流量计表面不容易长微生物膜及微生物膜不影响传感器性能的技术申明

4.8　楔形互相关传感器的外形和性能

4.8.1　大型楔形传感器

楔形传感器POA

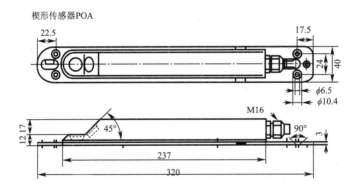

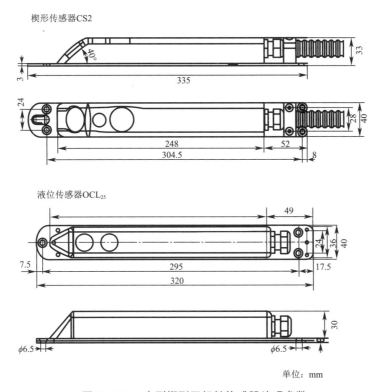

单位：mm

图 2-4-9 大型楔形互相关传感器外观参数

表 2-4-3 大型楔形互相传感器的技术参数

测量原理	可进行实际流场剖面（流速）测量的超声波交叉相关 超声波传播时间（液位测量） 压阻式压力测量（液位测量）
测量范围（v）	$-100 \sim 600$ cm/s
测量范围（h）	压力：$0 \sim 500$ cm 超声波：最大 200 cm
防护等级	IP68
防爆认证（可选）	II 2G Ex ib IIB T4 Bb（ATEX），Ex ib IIB T4 Gb（IECEX）
工作温度	$-20 \sim 50$℃（在防爆 1 区为 $-20 \sim 40$℃）
测量不确定性	$< 1\%$（$v > 1$ m/s），< 0.5 mm/s（$v > 1$ m/s）

续表

工作压力	最大 4 bar（组合传感器可能的压力测量最大 1 bar）
电缆长度	最大 150 m（带压力测量单元：最长 30 m）
传感器类型	POA 或者 CS2（适用几米的液位测量）通过交叉相关的流速测量或者流速、液位、温度测量 通过水中超声的液位测量（可选） 通过压力的液位测量（可选） OCL：通过顶部发射的超声的液位测量
安装形式	楔形传感器：在渠道底部安装 圆管传感器（包括紧固元件）：通过管道上的连接件进行安装

4.8.2 小型楔形传感器

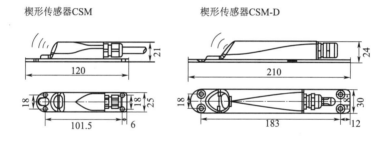

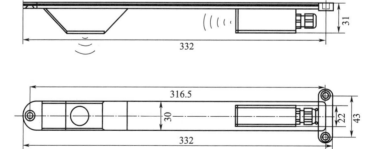

电子箱EBM

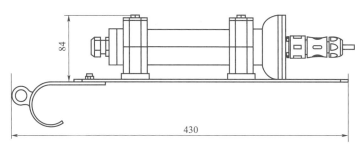

84

430

单位：mm

图 2-4-10　小型楔形互相关传感器及空气超声波外观

表 2-4-4　小型楔形互相传感器的技术参数

楔形传感器 CSM,CSM-D	
测量原理	可进行实际流场剖面（流速）测量的超声波交叉相关
防护等级	IP68
防爆认证（可选）	II 2sG Ex ib IIB T4 Gb
测量范围	−100 ～ 600 cm/s
工作温度	−20 ～ 50/65℃（在防爆 1 区为 −20 ～ 40℃）
工作压力	CSM：最大 4 bar,CSM-D：最大 1 bar
扫描层数	最多 16 层
测量不确定性	＜测量值的 1%（$v > 1$ m/s）
每个扫描层	测量值的 ±0.5%，5 mm/s（$v < 1$ m/s）
零点漂移	绝对零点稳定
CSM-D：液位测量 - 压力	
测量范围	0 ～ 500 cm
零点漂移	最大为终值的 0.75%
测量不确定性	终值的 ＜ 0.5%
液位传感器 DSM	
测量原理	空气超声波传输时间

楔形传感器 CSM, CSM-D	
防护等级	IP68
防爆认证（可选）	II 2G Ex ib IIB T4 Gb
测量范围	0 ～ 200 cm
测量不确定性	＜ ± 5 mm
盲区	（从底板起）4 cm
电子箱 EBM，用于连接 NIVUS 变送器	
防护等级	IP68
防爆认证（可选）	II 2G Ex ib IIB T4 Gb

杆式互相关传感器 5

图 2-5-1　杆式互相关传感器外观

　　排水管网和水体的流量和液位测量是水质测量行业的"痛点"、技术难点和关注热点。在与同行的线下沟通中，我们发现业界人员普遍对流量和液位的测量存在某些误区。为了系统地介绍排水管网及水体的流量和液位测量，NIVUS 的微信公众号每周将分别分享一篇典型案例、一篇技术分析、一篇产品简介、一篇拓展应用和一篇有问有答。

　　如有任何流量和液位测量的难题，可通过电话、微信或微信公众号留言联系我们，我们将在"有问有答"专栏回答大家关心的问题。

　　互相关流量计的传感器，包括楔形和杆式两种传感器，每种传感器有不同的系列。此处介绍的是杆式互相关传感器。

5.1　杆式互相关流量计的测量原理

　　超声波互相关法流量计为速度－面积法流量计。测量流量（Q）需要测量两个因素：平均流速（$v_{平均}$）和过流面积（A）。采用以下通用计算公式：

$$Q = v_{平均} \cdot A$$

流量测量原理及示意见图 2-1 3。

5.1.1 流速的精确测量（v）

NIVUS 互相关流量计基于超声波互相关原理，传感器连续扫描水中多个颗粒或气泡，反射信息存储为图像，基于频率特征的粒子识别，根据脉冲重复频率确定两个脉冲之间的 T_{PRF} 时差（Δt），根据这个时间差和距离间隔得到颗粒或气泡的速度，从而得到这个点的流速。可以把超声波互相关流量计想象为超声波相机：互相关流量计可以记录超声波束内的水平和垂直方向多个颗粒或气泡，如同测量"颗粒云"，并在几毫秒内对颗粒或气泡进行相互比较（两张照片的比对）。互相关流量计的优点：测量实际流速而不是拟合值，无须对流量计进行校准，无须数据二次处理（数据清洗），在复杂条件下具有极高的测量精度。

互相关流量计的原理及示意见图 2-4-2。

基于光束角度、传输信号之间的间隔和信号模式的移动，可以在每个单独测量窗口确定流速从数学的角度把单一流速串在一起，从而得到声学路径的流速剖面。这一速度剖面直接显示在 NivuFlow 的显示器上。

互相关流量计分层测量示意见图 2-4-3。

5.1.2 过流面积（A）的精确测量

通过连续测量包含渠道、管道或箱涵的充满度来确认过流的横截面面积（A）。液位变化会导致过流横截面面积的变化，因此精确的流量测量需要在所有水力条件下进行精确可靠的液位测量。排水管网中含有较多的杂质，需要考虑多重冗余的液位测量解决方案，确保在非满管等复杂情况下液位的精确测量，提供更多的数据判断可能存在的问题。

5.1.3 过流断面的流速分布图

杆式互相关流量计可以直接获得过流断面的流场分布图。

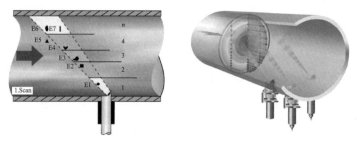

图 2-5-2　杆式互相关传感器测量效果

5.2　应用领域

　　杆式互相关传感器可以用于 DN 100 ～ 3000 及以上的满管和非满管流量测量。 基于互相关方法传感器，该系统可用于轻度至重度污染介质的流量测量。杆式互相关传感器将网格测量结果（包括相应的测量面积加权）与流量剖面校正相结合；具有高精度和无与伦比的成本／性能比。适当的 NIVUS 配件便于安装并降低维护费用。

图 2-5-3　杆式互相关传感器外形

　　杆式互相关传感器可以方便快速地安装：是电磁流量计和其他流量测量设备的理想替代品。安装中，不需要移除现有的流量测量设备。

- ◆ 无须中断系统运行即可安装；
- ◆ 运输方便；
- ◆ 安装快捷方便；
- ◆ 易于维护和校准；
- ◆ 无须移除有问题的流量计。

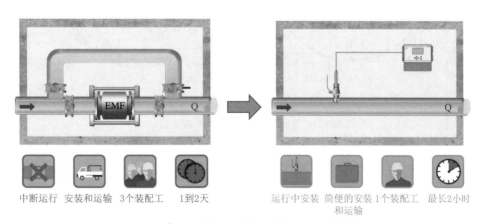

图 2-5-4　杆式互相关传感器和电磁流量计的安装方式对比

杆式互相关传感器适用的场景如下：

- 雨水、污水和合流制污水
  泵站；
- 污水处理厂；
- 压力管道；
- 排水管网；
- 回流污泥管；
- 污水循环管；
- 其他更多的应用。

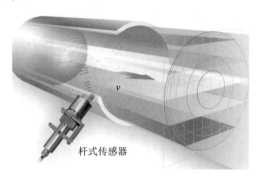

图 2-5-5 杆式互相关传感器断面扫描示意

5.3 安装方式

杆式互相关传感器采用播入式安装。根据管道尺寸和传感器的种类，选择一组、二组或三组传感器。

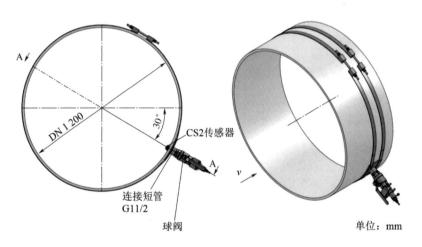

图 2-5-6 杆式互相关传感器的安装方式

5.4 产品特点

杆式互相关传感器有如下特点：

◆ 精度高；

◆ 价格优势；

◆ 安装成本低；

◆ 使用互相关传感器和数字模型，可以检测实际流速剖面；

◆ 绝对稳定的零点和无漂移；

◆ 无电极，无须导电性；

◆ 可选 1 区防爆认证。

5.5　产品性能参数

楔形互相关传感器性能参数见表 2-5-1。

表 2-5-1　杆式互相关传感器的性能参数

传感器种类	杆式传感器 / 流速传感器
测量原理	与数字电路结合的互相关测量原理
测量范围（流速）	-1 ～ 6 m/s
频率	1 MHz
保护	IP68
防爆认证	II 2 G Ex ib IIB T4
操作认证	-20 ～ 50℃（-20 ～ 40℃）防爆 1 区
操作温度	-30 ～ 70℃
测量不确定性	偏差小于 1%
操作压力	最大 4 bar
电缆长度	10 m、20 m、30 m、50 m、100 m；特殊长度可以根据要求提供
材质	聚氨酯，不锈钢 1.4571
选择项	PPO GF30、PA、HDPE、PEEK 材质的抗化学腐蚀的传感器；含 FEP 涂层（防腐）的电缆

5.6 现场实际使用照片

图 2-5-7 杆式互相关传感器的安装现场

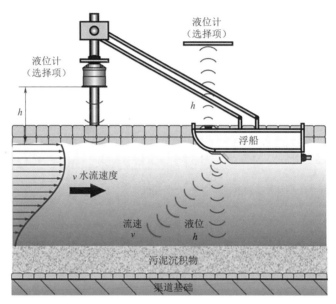

图 2-6-1 同步测量流速和污泥界面示意

　　排水管网和水体的流量和液位测量是水质测量行业的"痛点"、技术难点和关注热点。在与同行的线下沟通中,我们发现业界人员普遍对流量和液位的测量存在某些误区。为了系统地介绍排水管网及水体的流量和液位测量,NIVUS 的微信公众号每周将分别分享一篇典型案例、一篇技术分析、一篇产品简介、一篇拓展应用和一篇有问有答。

　　如有任何流量和液位测量的难题,可通过电话、微信或微信公众号留言联系我们,我们将在"有问有答"专栏回答大家关心的问题。

6.1 流量的测量原理

超声波互相关法流量计为速度 – 面积法流量计。测量流量（Q）需要测量两个因素：平均流速（$v_{平均}$）和过流面积（A）。采用以下通用计算公式：

$$Q = v_{平均} \cdot A$$

流量测量原理及示意见图 2-1-3。

6.1.1 流速的精确测量（v）

NIVUS 互相关流量计基于超声波互相关原理，传感器连续扫描水中多个颗粒或气泡，反射信息存储为图像，基于频率特征的粒子识别，根据脉冲重复频率确定两个脉冲之间的 T_{PRF} 时差（Δt），根据这个时间差和距离间隔得到颗粒或气泡的速度，从而得到这个点的流速。可以把超声波互相关流量计想象为超声波相机：互相关流量计可以记录超声波束内的水平和垂直方向多个颗粒或气泡，如同测量"颗粒云"，并在几毫秒内对颗粒或气泡进行相互比较（两张照片的比对）。互相关流量计的优点：测量实际流速而不是拟合值，无须对流量计进行校准，无须数据二次处理（即数据清洗），在复杂条件下具有极高的测量精度。

互相关流量计的测量原理及示意见图 2-4-2。

基于光束角度、传输信号之间的间隔和信号模式的移动，可以在每个单独测量窗口确定流速从数学的角度把单一流速串在一起，从而得到声学路径的流速剖面。这一速度剖面直接显示在 NivuFlow 的显示器上。

6.1.2 过流面积（A）的精确测量

互相关流量计分层测量示意见图 2-4-3。

通过连续测量包含渠道、管道或箱涵的充满度来确认过流的横截面面积（A）。液位变化会导致过流横截面面积的变化，因此精确的流量测量需要在所有水力条件下进行精确可靠的液位测量。排水管网中含有较多的杂质，需要考虑多重、冗余的液位测量解决方案，确保在非满管等复杂情况下液位的精确测量，提供更多的数据判断可能存在的问题。

6.2 污泥界面的测量原理

6.2.1 流量的测量原理

在互相关流速传感器基础上，增加了水中超声波的组合传感器；可以用于测量水位（底部安装时）及清晰的污泥界面（管道顶部安装时）。

不同测量原理的液位传感器示意见图 2-4-6。

污泥界面的测量原理：传感器将定向的超声波发射到水中，水中含有的固体颗粒或污泥会将声波反射回传感器，传感器随后将声信号转换为电子信号。根据超声波传播时间评估接收信号的强度，以便确认污泥界面高度。

请注意，本系统只可以测量界限清晰的污泥界面。

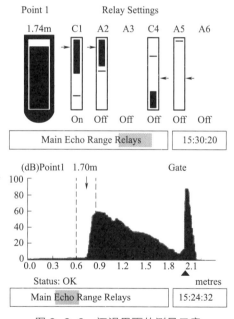

图 2-6-2 污泥界面的测量示意

6.2.2 流量的测量方法

在互相关流速传感器基础上，增加了水中超声波的组合传感器。可以用于（管道顶部安装时）清晰的污泥界面的流量测量和流速测量，并由变送器直接扣除污泥界面高度（见图 2-6-1）。

6.3 传感器的外形尺寸

传感器的外形尺寸见图 2-6-3。

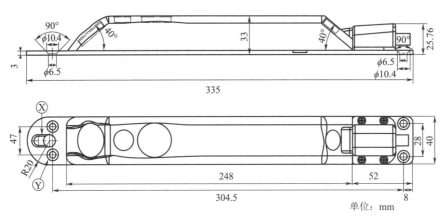

图 2-6-3 传感器外形

6.4 设备参数

表 2-6-1 同步测量流速和污泥界面流量测量系统的性能参数

测量原理	可进行实际流量剖面（流速）测量的超声波交叉相关 超声波传播时间（液位测量） 压阻式压力测量（液位测量）
测量范围（v）	−100 ～ 600 cm/s
测量范围（h）	压力：0 ～ 500 cm 超声波：最大 200 cm
防护等级	IP68
防爆认证（可选）	II 2G Ex ib IIB T4 Gb（ATEX）,Ex ib IIB T4 Gb（IECEX）
工作温度	−20 ～ 50℃（在防爆 1 区为 −20 ～ 40℃）
测量不确定度	< 1%（v > 1 m/s），< 0.5%+5 mm/s（v < 1 m/s）
工作压力	最大 4 bar（组合传感器可能的压力测量最大 1 bar）

续表

电缆长度	最长 150 m（带压力测量单元：最长 30 m）
传感器类型	POA 或者 CS2（适用于几米的液位测量） 通过交叉相关的流速测量或者流速、液位、温度测量 通过水中超声的液位测量（可选） 通过压力的液位测量（可选） OCL：通过顶部发射的超声的液位测量
安装形式	楔形传感器：在渠道底部安装 圆管传感器（包括紧固元件）：通过管道上的连接件进行安装

图 2-7-1　多普勒流量测量系统示意

　　排水管网和水体的流量和液位测量是水质测量行业的"痛点"、技术难点和关注热点。在与同行的线下沟通中，我们发现业界人员普遍对流量和液位的测量存在某些误区。为了系统地介绍排水管网及水体的流量和液位测量，NIVUS 的微信公众号每周将分别分享一篇典型案例、一篇技术分析、一篇产品简介、一篇拓展应用和一篇有问有答。

　　如有任何流量和液位测量的难题，可通过电话、微信或微信公众号留言联系我们，我们将在"有问有答"专栏回答大家关心的问题。

　　德国 NIVUS 集团自 1975 年开始生产超声波多普勒流量计，迄今已有 46 年的生产历史。46 年以来，NIVUS 的超声波多普勒流量计不断迭代。全球已有数万个 NIVUS 超声波多普勒流量计的应用案例。

　　本文介绍德国 NIVUS 的 OCM F 超声波多普勒流量计。

7.1　多普勒流量计的测量原理

NIVUS 超声波多普勒流量计为速度 – 面积法流量计。测量流量（Q）需要测量两个因素：平均流速（$v_{平均}$）和过流面积（A）。采用以下通用计算公式：

$$Q = v_{平均} \cdot A$$

流量测量原理及示意见图 2–1–3。

7.1.1　流速（v）的测量

NIVUS 多普勒流量计基于多普勒效应，根据反射频率的变化得到过流断面中某个颗粒或气泡的流速；再通过变送器中预设的流态分布曲线，拟合得到断面的平均流速。OCM F 多普勒流量计采用全双向超声波速度传感器，液位测量可以通过集成传感器的静压液位计或使用外部传感器进行，根据变送器的类型，可以使用不同的电压供电。

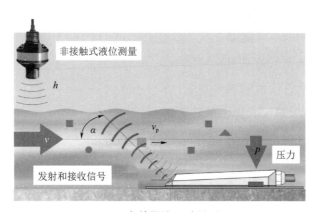

图 2–7–2　多普勒流量计的测量原理

7.1.2　过流面积（A）的测量

通过连续测量包含渠道、管道或箱涵的充满度来确认过流的横截面面积（A）。液位变化会导致过流横截面面积的变化，因此精确的流量测量需要在所有水力条件下进行精确可靠的液位测量。排水管网中含有较多的杂质，可以考虑多重、冗余的液位测量解决方案，确保在非满管等复杂情况下液位的精确测量，提供更多的数据判断可能存在的问题。

7.2 应用领域

OCM F 多普勒流量计是一款可靠的流量计，用于连续测量和控制部分充满和 100% 充满的管道、渠道和水槽中的轻微至严重污染介质的流量。

应用领域如下：

- 污水处理厂；
- 雨水调蓄池等的永久性测量；
- 直接排放控制、外来水的调查或泄漏检测；
- 工业废水管网的流量测量；
- 工业系统的流量测量；
- 灌溉系统的流量测量；
- 冷却系统的进口和出口流量测量；
- 水或循环水处理系统的应用；
- 河流水闸的流量测量；
- 水电和热电厂的应用；
- 渠道和地下管网的流量测量；
- 英国 MCERTS 认证系统的应用；
- 其他更多应用。

7.3 优点和缺点

7.3.1 优点

- OCM F 多普勒流量计具有技术成熟、价格低等优点；
- 可以直接检测和评估流速；
- 可以请求并直接指示模拟和数字输入和输出的状态，多种仿真选项可实现最佳调试和最佳系统诊断；
- 可能会发生的错误将被保存，并可以直接在设备显示屏上调用和指示；
- 在尺寸小于 DN 800 的情况下，OCM F 多普勒流量计的流量测量误差可以控制在 15% 左右。

7.3.2 缺点

◆ 无法感知测量颗粒或气泡的具体位置；

◆ 需要定期校正变送器中预设的流态分布曲线；

◆ 信号穿透深度通常在 0.5 m 左右。

7.4 传感器及配件

OCM F 多普勒流量计可以接楔形多普勒流速传感器和杆式（插入式）传感器。

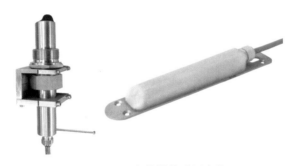

图 2-7-3 多普勒传感器实物

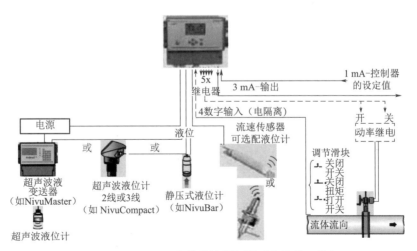

图 2-7-4 OCM F 多普勒流量测量系统的输入设备

OCM F 多普勒流量计还可以接入多种外置传感器，并用于流体控制。

7.5 变送器外形图

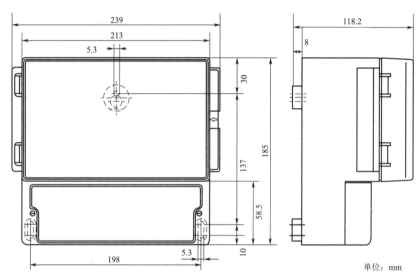

单位：mm

图 2-7-5 OCM F 多普勒变送器的外形尺寸

7.6 性能参数

表 2-7-1 OCM F 多普勒流量测量系统的计算参数

电源	100 ～ 240 V AC, +10% ～ 15% 47 ～ 63 Hz 或 24 V DC 15% , 5% 残余波纹
电耗	18 V·A（通常 7V·A）
壁挂式外壳	材料：聚碳酸酯（NEMA 4） 重量：大约 1 200 g 保护：IP 65
防爆（选择项）	II 2G Ex ib IIB
操作温度	−20 ～ 60℃
存储温度	−30 ～ 70℃

续表

最大湿度	90%，非冷凝
显示	LCD，128×64 像素，背光图形显示
操作	6 按钮键盘 菜单以德语、英语、法语等显示
输入	1×4 ～ 20 mA, 接外部传感器（两线制传感器） 2×0/4 ～ 20 mA, 带外部电平衡和外部设置值的 12 位分辨率 1 可连拉的多普勒流量计（流速，带有附加液位测量的组合流量计）
输出	3×0/4 ～ 20 m A, 负载 500 Ohm,12 位分辨率，偏差 0.1% 5 继电器（SPDT） 可承受高达 230 V AC/2A（cosϕ=0.9）
调节器	3 级控制器，快速关闭控制，干扰时可调滑动位置，滑阀堵塞时自动冲洗功能

8 NIVUS 杆式（插入式）超声波多普勒流量计

图 2-8-1　杆式（插入式）超声波多普勒传感器示意

　　排水管网和水体的流量和液位测量是水质测量行业的"痛点"、技术难点和关注热点。在与同行的线下沟通中，我们发现业界人员普遍对流量和液位的测量存在某些误区。为了系统地介绍排水管网及水体的流量和液位测量，NIVUS 的微信公众号每周将分别分享一篇典型案例、一篇技术分析、一篇产品简介、一篇拓展应用和一篇有问有答。

　　如有任何流量和液位测量的难题，可通过电话、微信或微信公众号留言联系我们，我们将在"有问有答"专栏回答大家关心的问题。

　　德国 NIVUS 集团自 1975 年开始生产超声波多普勒流量计，迄今已有 46 年的生产历史。46 年以来，NIVUS 的超声波多普勒流量计不断迭代。全球已有数万个 NIVUS 超声波多普勒流量计的应用案例。

本文介绍德国 NIVUS 的杆式（插入式）超声波多普勒流量计，该流量计仅用于满管情况的流量测量。

8.1 多普勒流量计的测量原理

超声波多普勒流量计为速度 – 面积法流量计。测量流量（Q）需要测量两个因素：平均流速（$v_{平均}$）和过流面积（A）。采用以下通用计算公式：

$$Q = v_{平均} \cdot A$$

流量测量原理及示意见图 2-1-3。

8.1.1 流速（v）的测量

NIVUS 多普勒流量计基于多普勒效应，根据反射频率的变化得到过流断面中某个颗粒或气泡的流速；再通过变送器中预设的流态分布曲线，拟合得到断面的平均流速。OCM F 多普勒流量计采用全双向超声波速度传感器，液位测量可以通过集成传感器的静压液位计或使用外部传感器进行，根据变送器的类型，可以使用不同的电压供电。

多普勒流量计的测量原理见图 2-7-2。

8.1.2 过流面积（A）的测量

NIVUS 杆式（插入式）超声波多普勒传感器仅用于满管的流量测量。只需要设定过流断面的尺寸，就可以确认过流面积（A）。

8.2 应用领域

NIVUS 杆式（插入式）超声波多普勒传感器是一款可靠的流量计，用于连续测量和控制 100% 满管的管道和渠道的轻微至严重污染介质的流量。

应用领域如下：

◆ 污水处理厂；

- 雨水调蓄池等的永久性测量；
- 直接排放控制、外来水的调查或泄漏检测；
- 工业废水管网的流量测量；
- 工业系统的流量测量；
- 灌溉系统的流量测量；
- 冷却系统的进口和出口流量测量；
- 水或循环水处理系统的应用；
- 水电和热电厂的应用；
- 渠道和地下管网的流量测量；
- 英国 MCERTS 认证系统的应用；
- 其他更多应用。

8.3 优点和缺点

8.3.1 优点

- 具有技术成熟、价格低等优点；
- 可以直接检测和评估流速；
- 可以请求并直接指示模拟和数字输入和输出的状态。多种仿真选项可实现最佳调试和最佳系统诊断；
- 在尺寸小于 DN 800 的情况下，流量测量误差可以控制在 15% 左右。

8.3.2 缺点

- 无法感知测量颗粒或气泡的具体位置；
- 需要定期校正变送器中预设的流态分布曲线；
- 信号穿透深度通常在 0.5 m 左右；
- 仅用于满管的流量测量。

8.4 变送器外形图

见图 2-8-2。

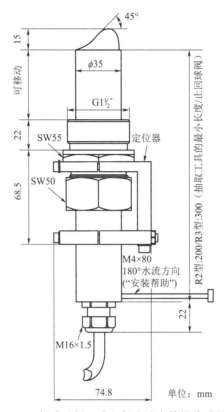

图 2-8-2 杆式（插入式）超声波多普勒传感器外形

8.5 安装方式

采用插入式安装，适用各种管道材质（见图 2-8-3）。

图 2-8-3 杆式（插入式）超声波多普勒流量计安装现场

8.6 性能参数

表 2-8-1 杆式（插入式）超声波多普勒测量系统的技术参数

传感器	
测量原理	压阻式压力传感器（测量液位） 多普勒（测量流速）
测量频率	楔形传感器，1 MHz 杆式传感器，750 kHz
保护	IP68
操作温度	−20 ～ 50℃
存储温度	−30 ～ 70℃
操作压力	带压力测量的组合传感器：最大 1 bar 不带压力测量的传感器：最大 4 bar
电缆长度	通常为 0 m、15 m、20 m、30 m、50 m、100 m，可扩展至最大值 250 m； 如果使用带有集成压力测量单元的传感器，则需要在 30 m 后使用压力补偿元件
电缆类型	带压力测量的组合传感器： LiYC11Y 2×1.5+1×2×0.34+PA 1.5/2.5 不带压力测量的组合传感器： LiYC11Y 2×1.5+1×2×0.34
电缆外径	带压力测量的组合传感器： 9.75 mm ± 0.25 mm 不带压力测量的组合传感器： 8.4 mm ± 0.25 mm
传感器连拉方式	带插头的电缆，用于连接便携式发射器 PCM F，用于无压力测量的传感器，电缆类型为"S"带插头和可更换滤芯的电缆，用于连接便携式变送器 PCM F，用于带压力测量的传感器，电缆类型为"F"
传感器类型	流速传感器，使用多普勒原理和温度测量进行 v 测量，以补偿温度对声速的影响； 使用多普勒原理的带有流速传感器的组合传感器（仅楔形传感器）； 通过压力和温度测量进行液位测量以补偿温度对声速的影响
结构	楔形传感器，用于安装在通道底部； 管道传感器，使用喷嘴、传感器螺钉连接和管道中的固定元件进行安装

续表

传感器	
接触流体的材料	楔形传感器：聚氨酯、不锈钢 1.4571、PVDF、PA 哈氏合金 C275（仅组合传感器） 管道传感器：不锈钢 1.4571、聚氨酯、HDPE
流速测量	
测量范围	$-600 \sim 600$ cm/s
测量不确定性	测量范围内的最终值的 $\pm 1\%$
绝对零点	绝对稳定的零点
漂移声波	$\pm 5°$
温度测量	
测量范围	$-20 \sim 60℃$
测量的不确定性	± 0.5 K
液位测量 – 压力	
测量范围	$0 \sim 500$ cm
零点漂移	最大值为最终测量值的 0.75%（$0 \sim 50℃$）
测量的不准确性	＜最终测量值的 0.5%

9 PCM F 便携式多普勒流量计

图 2-9-1　PCM-F 便携式多普勒流量计实物

　　排水管网和水体的流量和液位测量是水质测量行业的"痛点"、技术难点和关注热点。在与同行的线下沟通中，我们发现业界人员普遍对流量和液位的测量存在某些误区。为了系统地介绍排水管网及水体的流量和液位测量，NIVUS 的微信公众号每周将分别分享一篇典型案例、一篇技术分析、一篇产品简介、一篇拓展应用和一篇有问有答。

　　如有任何流量和液位测量的难题，可通过电话、微信或微信公众号留言联系我们，我们将在"有问有答"专栏回答大家关心的问题。

　　德国 NIVUS 集团自 1975 年开始生产超声波多普勒流量计，迄今已有 46 年的生产历史。46 年以来，NIVUS 的超声波多普勒流量计不断迭代。全球已有数万个 NIVUS 超声波多普勒流量计的应用案例。

本文介绍德国 NIVUS 的 PCM F 便携式多普勒流量计。

9.1　便携式多普勒流量计的测量原理

超声波多普勒流量计为速度－面积法流量计。测量流量（Q）需要测量两个因素：平均流速（$v_{平均}$）和过流面积（A）。采用以下通用计算公式：

$$Q = v_{平均} \cdot A$$

流量测量原理及示意见图 2-1-3。

9.1.1　流速（v）的测量

NIVUS 多普勒流量计基于多普勒效应，根据反射频率的变化得到过流断面中某个颗粒或气泡的流速；再通过变送器中预设的流态分布曲线，拟合得到断面的平均流速。OCM F 多普勒流量计采用全双向超声波速度传感器，液位测量可以通过集成传感器的静压液位计或使用外部传感器进行，根据变送器的类型，可以使用不同的电压供电。

多普勒流量计的测量原理见图 2-7-2。

9.1.2　过流面积（A）的测量

PCM F 便携式多普勒流量计仅用于满管和非满管的流量测量。

9.2　应用领域

PCM F 及其附带的传感器可用于部分填充和满管、渠道和箱涵中的轻微至严重污染的介质的临时流量测量。

应用领域如下：

- 污水处理厂；
- 雨水调蓄池等的永久性测量；
- 直接排放控制、外来水的调查或泄漏检测；
- 工业废水管网的流量测量；
- 工业系统的流量测量；

- 灌溉系统的流量测量；
- 冷却系统的进口和出口流量测量；
- 水或循环水处理系统的应用；
- 水电和热电厂的应用；
- 渠道和地下管网的流量测量；
- 英国 MCERTS 认证系统的应用；
- 其他更多应用。

9.3 优点和缺点

9.3.1 优点

- 具有技术成熟、价格低等优点；
- 冗余的液位测量；
- 最新的智能多普勒技术；
- 传感器集成的高精度 Hastelloy® 压力隔膜；
- 插入式紧凑型闪存卡上的参数和测量数据存储（最大 128 MB）；
- 优化的节能工艺流程延长了电池的使用寿命；
- 多种外围接口；
- 无须修改现有测量横截面的测量；
- 使用胀圈法的可变紧固系统轻松安装传感器。
- 在尺寸小于 DN 800 的情况下，流量测量误差可以控制在 ±10% 左右；
  随着管径增大，流量测量误差会明显增加。

9.3.2 缺点

- 无法感知测量颗粒或气泡的具体位置；
- 需要定期校正变送器中预设的流态分布曲线；
- 信号穿透深度通常在 0.5 m 左右。

9.4 变送器外形图

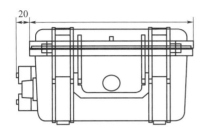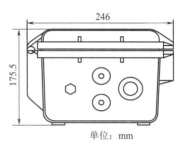

单位：mm

图 2-9-2　PCM-F 便携式多普勒流量计变送器外形

9.5 性能参数

表 2-9-1　PCM-F 便携式多普勒流量计的技术参数

变送器	
电源	可充电电池：12 V/12 A·h, 铅凝胶 电池盒：用于 12 节标准电池 1.5 V（LR20 型） 动力单元：100 ～ 240 V AC，50/60 Hz
外壳	材料：聚丙烯，抗冲击 质量：大约 2.0 kg（不含传感器和电池） 保护：外盖关闭及锁定时 IP68
操作温度	−20 ～ 50℃
存储湿度	−30 ～ 70℃
最大湿度	90%,非凝结
显示	背光图形显示，128 像素 ×128 像素
操作	18 按键，多语言对话模式，（德语、英语、法语、意大利语）
插头插座 （IP68）	1×4 ～ 20 mA, 外部液位 （2- 传感器，有源）或 1× 空气超声波，OCL 型，用于液位测量
	1× 多普勒传感器，KDA 型，流速和液位测量 1× 多功能插座、数字和模拟输入和输出 1× 连接插座，用丁组合电源适配器和电池充电器

续表

变送器	
通过多功能插座输入	1× 有源数字输入 电源电压 3.3V DC 1× 模拟输入，0/4 ~ 20 m A（无源）
通过多功能插座输出	1× 继电器（SPDT） 开关容量 250 V AC / 30 V DC, 5 A 开关频率 5 Hz 1× 电压输出 0 ~ 10 V
存储周期	1 ~ 60 分钟，周期性，取决于事件或连续操作
数据存储	外置，插入式紧凑型闪存卡，最大 128 MB 内部 18 MB RAM
数据传输	通过插入式闪存，或连拉外部 RTU
内置评估软件	类型：适用于 Windows NT/2000/XP 的 NivuDat，用于数据读取，数据评估、水平图的创建、平均值、小时、日和月值显示等。

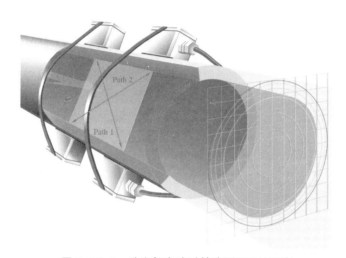

图 2-10-1　外夹超声波时差法测量系统示意

　　排水管网和水体的流量和液位测量是水质测量行业的"痛点"、技术难点和关注热点。在与同行的线下沟通中，我们发现业界人员普遍对流量和液位的测量存在某些误区。为了系统地介绍排水管网及水体的流量和液位测量，NIVUS 的微信公众号每周将分别分享一篇典型案例、一篇技术分析、一篇产品简介、一篇拓展应用和一篇有问有答。

　　如有任何流量和液位测量的难题，可通过电话、微信或微信公众号留言联系我们，我们将在"有问有答"专栏回答大家关心的问题。

　　NivuFlow Mobile 600（以下简称 NFM600）便携式外夹超声波时差法流量计专为现场操作中的短期和长期流量的满管测量而开发，无须外部电源。即使在恶劣的环境中，也可以毫无疑问地使用自给自足的便携式系统进行检查和验证测量。电池寿命长，可显著降低维护和数据读取的人员成本。

图 2-10-2　外夹超声波时差法测量系统安装现场

10.1　流量原理

超声波时差法流量计为速度－面积法流量计。测量流量（Q）需要测量两个因素：平均流速（$v_{平均}$）和过流面积（A）。采用以下通用计算公式：

$$Q = v_{平均} \cdot A$$

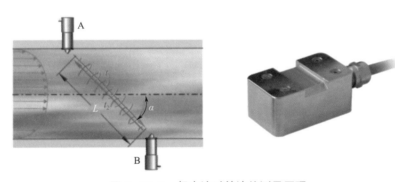

图 2-10-3　超声波时差法的测量原理

10.1.1　流速（v）的精确测量

超声波时差法流量计采用声学时差法流速仪测量流速。其原理是在与流动方向成一定的夹角（通常为 45°）处安装一组（两个）流速传感器，两个流速传感器互相发射和接收超声波。检测两个传感器（A 和 B）之间超声波信号的传播时间。顺着流动方向的传播时间（t_1）比逆着流动方向的传播时间（t_2）更短。两者的时间差与沿测量路径的平均速度（v_m）成正比。

通过声学时差法流速仪测得顺流、逆流方向的超声波传输时间差，并代入下面的公式，得出这两个传感器之间连线的平均流速。

$$v_\mathrm{m} = \frac{t_2 - t_1}{t_2 \cdot t_1} \cdot \left(\frac{L}{2\cos\alpha} \right)$$

式中，L——声波传播路径的长度；

$\quad\quad$ t_1——A 到 B 的传播时间；

$\quad\quad$ t_2——B 到 A 的传播时间。

10.1.2　过流面积（A）的精确测量

外夹式超声波时差法流量计用于满管的流量精确测量。需要考虑管道内径和沉积高度，在变送器中直接设置。

10.2　应用领域

适合使用的领域：

◆ 从清洁到轻微污染的水中的
　可靠和准确的测量；

◆ 非接触式测量。

不适合使用的领域：

◆ 含杂质比较高的水；

◆ 管道内部有杂质或微生物膜。

图 2-10-4　外夹超声波时差法测量系统的应用实景

10.3　产品特点

NFM600 便携式外夹超声波时差法流量计可以实时测量流量、水温和压力（若需要）。产品有如下特点：

◆ 通过连接额外的传感器，可以同时额外测量工艺参数，如压力和温度；

◆ 多达两个测量路径；

◆ 根据非接触式测量原理，传感器安装在管道外部，安装速度非常快；

◆ 系统自动检测连接的传感器类型；

◆ 传感器绝对零点稳定，无漂移；

◆ 由于安装附件匹配完好，安装工作量小；

◆ 可以在运行条件下安装；

◆ 稳定的长距离信号传输；

◆ 超长电池寿命；

◆ 可充电电池可由用户更换；

◆ 可以通过智能手机、平板电脑和笔记本电脑操作；

◆ 适用极端环境条件。

图 2-10-5　外夹超声波时差法传感器安装现场

10.4　操作方式

可以使用安装在智能手机、平板电脑或笔记本电脑等设备上的浏览器，对测量系统的操作进行密码保护。不需要其他软件或特殊应用程序。由于可以在不需要打开外壳的情况下使用变送器，所以即使在恶劣的条件下或在恶劣的天气下也可以方便、便捷地操作该装置。

图 2-10-6　NFM600 测量系统变送器实物

10.5 通信方式

通过 WLAN 设置与控制单元进行连接。

+通过Internet无限制地访问您的测量数据；
+可自由调节的测量和传输周期；
+降低操作人员的培训要求。

图 2-10-7 NFM600 测量系统的信号传输方式

10.6 电池寿命

表 2-10-1 不同存储周期和上传频率下的电池使用时间

存储周期	NFM750 配套 CSM-D 传感器和 2 组电池			
	GPRS 传输周期			
	不传输	24h	12h	6h
1min	110	109	109	108
2min	188	186	185	182
3min	246	244	242	237
5min	328	324	320	312
10min	436	429	422	409
15min	490	481	473	456
30min	560	548	537	516
60min	602	589	576	552

10.7 变送器和传感器的外形尺寸

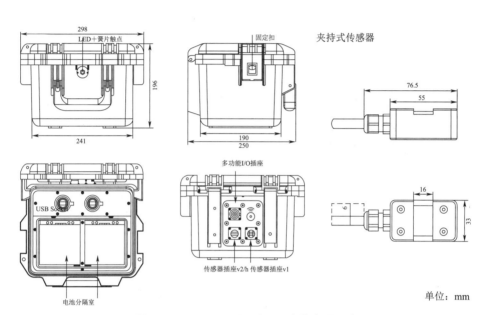

图 2-10-8　NFM600 测量系统的外形尺寸

10.8 产品性能参数

表 2-10-2　NFM600 测量系统的技术参数

便携式变送器	
测量原理	超声波传播时间差法（传播时间）
电源	2 × 可充电电池，12 V/15 A·h，铅凝胶 充电器 100 ～ 240 V AC / 50 ～ 60 Hz / 50 V·A
外壳	材料：HPX 高性能合成树脂 重量：约 2.2 kg（不包括电池和安装附件） 保护：上盖关闭时 IP68/ 打开时 IP67
操作温度	−20 ～ 50℃
存储温度	−20 ～ 70℃

续表

便携式变送器	
最大湿度	90%，非冷凝
显示	状态 LED（RGB）
操作	电磁开关，通过 WLAN 使用智能手机、平板电脑和笔记本电脑等
测量路径	2
输入	$2 \times 0/4 \sim 20\,mA$（主动/被动） $2 \times 0/4 \sim 20\,mA$（被动） $1 \times$ 主动数字输入 $1 \times$ 电源适配器或取代电源的连接插座
输出	$1 \times$ 模拟输出 $0 \sim 10\,V$ $1 \times$ 无电位数字输出，如 SPDT / 双平板 $1 \times$ 通过 USB 读取数据
存储周期	$1 \sim 60$ 分钟，时间循环或基于事件
数据存储	内置内存卡，在测量间隔为 5 分钟的情况下可保存 1.5 年的数据量
信息传输	通过插入式的 USB 存卡 通过 WLAN 通过 GPRS、UMTS、LTE
传感器	
测量原理	超声波传播时间差法（传播时间）
测量不准确性	测量路径内的流速（平均流速） $\pm 0.1\%$ 测量值
零点漂移	绝对零点稳定
传感器连接方式	通过插头或插座
NIC 夹持式传感器	
测量范围	$-10 \sim 10\,m/s$
保护	IP68
操作温度	$-30 \sim 80℃$流体测量范围 $0 \sim 80℃$

续表

NIC 夹持式传感器	
存储温度	−30 ～ 80℃（非冷凝）
电缆长度	7 m，其他长度（最大 100 m）根据要求确认
材料	不锈钢 1.4301（AISI 304），PEEK
管道直径	50 ～ 2 500 mm

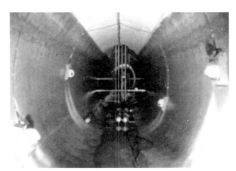 

图 2-11-1　NF650 测量系统的现场应用实景

　　排水管网和水体的流量和液位测量是水质测量行业的"痛点"、技术难点和关注热点。在与同行的线下沟通中，我们发现业界人员普遍对流量和液位的测量存在某些误区。为了系统地介绍排水管网及水体的流量和液位测量，NIVUS 的微信公众号每周将分别分享一篇典型案例、一篇技术分析、一篇产品简介、一篇拓展应用和一篇有问有答。

　　如有任何流量和液位测量的难题，可通过电话、微信或微信公众号留言联系我们，我们将在"有问有答"专栏回答大家关心的问题。

　　NivuFlow 650（以下简称 NF650）符合 ISO 6416 和 IEC 60041 标准，专为明渠、非满管／满管以及地表水体的精确流量测量而开发。

　　为了满足最高精度要求，NF650 目前可以使用多达 4 个速度测量路径（8 个速度传感器），通过扩展模块可达 32 个速度测量路径。NF650 可在整个双向流量范围内运行，不会造成阻塞或水头损失，一系列的 NIVUS 传感器型号可实现在最广泛的应用范围内进行流量测量。

11.1 流量原理

超声波时差法流量计为速度 - 面积法流量计。测量流量（Q）需要测量两个因素：平均流速（$v_{平均}$）和过流面积（A）。采用以下通用计算公式：

$$Q = v_{平均} \cdot A$$

11.1.1 流速（v）的精确测量

超声波时差法流量计采用声学时差法流速仪测量流速。其原理是在与流动方向成一定的夹角（通常为 45°）处安装一组（两个）流速传感器，两个流速传感器互相发射和接收超声波。检测两个传感器（A 和 B）之间超声波信号的传播时间。顺着流动方向的传播时间（t_1）比逆着流动方向的传播时间（t_2）更短。两者的时间差与沿测量路径的平均速度（v_m）成正比。

通过声学时差法流速仪测得顺流、逆流方向的超声波传输时间差，并代入下面的公式，得出这两个传感器之间连线的平均流速。

$$v_m = \frac{t_2 - t_1}{t_2 \cdot t_1} \cdot \left(\frac{L}{2 \cos \alpha} \right)$$

式中，L——声波传播路径的长度；

　　　t_1——A 到 B 的传播时间；

　　　t_2——B 到 A 的传播时间。

超声波时差法的测量原理见图 2-10-3。

11.1.2 过流面积 A 的精确测量

固定安装式满管 / 非满管超声波时差法流量计用于满管 / 非满管的流量精确测量。需要设置液位计，精确测量液位的波动情况。

11.2 应用领域

适合使用的领域：

- ◆ 地表水的测量，如河流、渠道；
- ◆ 灌溉系统；

◆ 排水系统；

◆ 冷却水、工艺用水；

◆ 水电站、压力钢管监测，涡轮机效率监测等。

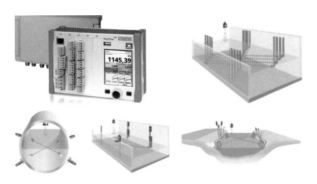

图 2-11-2　NF650 测量系统的应用示意

11.3　产品特点

NF650 固定安装式满管／非满管超声波时差法流量计可以实时测量流量、流速、液位、水温等。产品有如下特点：

◆ 单路径或多路径测量，使用扩展模块最多达 32 条测量路径；

◆ 由于直观、现代的操作理念，可快速简便地进行初始启动；

◆ 品种多样的 NIVUS 传感器确保了每种测量应用的适用性；

◆ 通过互联网进行在线连接／数据传输和远程维护；

◆ 通过通用接口简单地集成到现有控制系统中；

◆ 适合户外使用的防风雨版本；

◆ 符合 EN ISO 6416 和 EC 60041 标准

图 2-11-3　NF650 变送器和传感器实物

在要求很高的应用中，传播时间差法是一种易于理解和成熟的流量测量方法，无须构造诸如堰或水槽等测量结构。

NF650 专门开发用于克服与复杂渠道轮廓、水位变化和偏斜流动相关的顽固问题，通过高度灵活的速度测量路径配置选项来实现精确测量。

11.4　操作方式

通过液晶显示器旁边的旋钮，选择菜单进行设置。

11.5　通信方式

NF650 通信方式为 Modbus 485/232，4 ～ 20 mA，Modbus TCP，用通信电缆或外置 DTU 设备上传。

11.6　变送器和传感器的外形尺寸

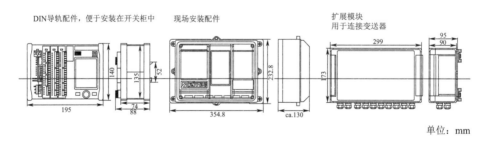

单位：mm

图 2-11-4　NF650 变送器外形

表 2-11-1　NF650 变送器的技术参数

NF650	
电源	100 ～ 240 VAC，-15%/+10%，47 ～ 63 Hz，10 ～ 35 VDC
电耗	1 个继电器通电，230 V AC：（圆形）14 W，最多 8 个传感器，传输频率 1 MHz

续表

NF650	
附件	铝，塑料，质量约 1 150 g
防护等级	IP 20（控制柜），IP68（现场外壳）
工作温度	DC：−20 ～ 70℃，AC：−20 ～ 65℃，最大湿度：80%，无凝结
显示	230×320 像素，65536 色
操作	旋转按钮，2 个功能键，英语、德语、法语、瑞典语等语言的菜单
输入	2×（T2 型）4 ～ 20 mA，12 位分辨率，用于存储来自外部设备的数据，负载 91 Ohm 2×（T2 型）数字输入
输出	2×（T2 型）4 ～ 20 mA，负载 500 Ohm，12 位分辨率 1×（T2 型）双稳态继电器 SPDT，负载高达 230 VAC/2A（$\cos\phi = 0.9$），最小开关电流 100 mA 1×（T2 型）继电器 SPDT，负载高达 230 V AC/2A（$\cos\phi = 0.9$），最小开关电流 100 mA
数存存储器	1.0GB 内存，通过 USB 存储设备在面板上读取数据
通信	通过网络（LAN / WAN, Intemet）的 Modbus TCP，最小开关电流 100 mA 通过 RS485 或 RS232 的 Modbus RTU, 以太网 TCP/IP
测量不确定度	流量（Q）：± 0.5%，取决于测量和边界条件，偏移速度 < ± 5 mm/s
路径数量	最多 4 条测量路径，带扩展模块时最多 32 条测量路径
输入	传感器连接
输出	连接到变送器
电源	100 ～ 240 V AC，+10%/-15%，47 ～ 63 Hz，或 24 V DC ± 15%
能耗	最大 48 V·A
附件	防护等级：IP65,材质：铝压铸
工作温度	−20 ～ 50℃，最大湿度：80%，无凝结
配件	总线电缆，用于连接扩展盒和变送器 型号：Liyc11Y2×1.5 mm+1×2×0.34 mm，外部电缆直径：8.4 mm± 0.25 mm

11.7 产品性能参数

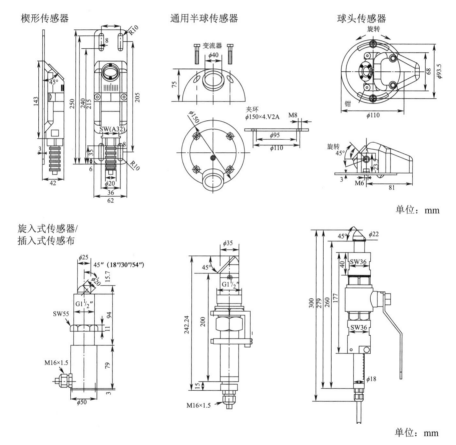

图 2-11-5　超声波时差法传感器的外形

表 2-11-2　超声波时差法传感器的技术参数

传感器	
测量原理	超声波传输时间差原理
流速范围	流速 ±15 m/s
渠道范围	0.5 ～ 100 m；其他宽度可定制

续表

传感器	
测量不准确性	路径内流速（$v_{平均}$）测量值的 ±0.1%
测量频率	1 MHz；V40 ～ 200 kHz（其他频率取决于路径长度）
保护等级	IP 68
工作温度	−20 ～ 50℃
电缆长度	最大 100 m
电缆类型	不间断的预配电缆 预配电缆，带水下插头和插座
接触介质的材料	旋入式传感器 / 插入式传感器和杆式传感器 1.4571 不锈钢，CFK（碳），Viton® 半球：1.4571 不锈钢，CFK（碳），POM，PUR （氯丁橡胶制成的插头和插座） 球头：1.4571 不锈钢，POM

图 2-12-1　超声波时差法流量测量系统的安装现场

　　排水管网和水体的流量和液位测量是水质测量行业的"痛点"、技术难点和关注热点。在与同行的线下沟通中，我们发现业界人员普遍对流量和液位的测量存在某些误区。为了系统地介绍排水管网及水体的流量和液位测量，NIVUS 的微信公众号每周将分别分享一篇典型案例、一篇技术分析、一篇产品简介、一篇拓展应用和一篇有问有答。

　　如有任何流量和液位测量的难题，可通过电话、微信或微信公众号留言联系我们，我们将在"有问有答"专栏回答大家关心的问题。

NF600 固定安装式超声波时差法流量测量系统专为满管的流量测量而开发。为了满足最高精度要求，可以使用多达 32 个测量路径。

NF600 可以使用：（1）插入式的管道传感器；（2）外夹的非接触式传感器。该系统适用于检测各种液体介质的流速，涵盖广泛的应用。

12.1 流量原理

超声波时差法流量计为速度 – 面积法流量计。测量流量（Q）需要测量两个因素：平均流速（$v_{平均}$）和过流面积（A）。采用以下通用计算公式：

$$Q = v_{平均} \cdot A$$

12.1.1 流速的精确测量（v）

超声波时差法流量计采用声学时差法流速仪测量流速。其原理是在与流动方向成一定的夹角（通常为 45°）处安装一组（两个）流速传感器，两个流速传感器互相发射和接收超声波。检测两个传感器（A 和 B）之间超声波信号的传播时间。顺着流动方向的传播时间（t_1）比逆着流动方向的传播时间（t_2）更短。两者的时间差与沿测量路径的平均速度（v_m）成正比。

通过声学时差法流速仪测得顺流、逆流方向的超声波传输时间差，并代入下面的公式，得出这两个传感器之间连线的平均流速。

$$v_m = \frac{t_2 - t_1}{t_2 \cdot t_1} \cdot \left(\frac{L}{2\cos\alpha} \right)$$

式中，L——声波传播路径的长度；

$\quad$ t_1——A 到 B 的传播时间；

$\quad$ t_2——B 到 A 的传播时间。

12.1.2 过流面积（A）的精确测量

NF600 固定安装式超声波时差法流量计用于满管的流量精确测量，在操作界面直接输入管径即可。

12.2 应用领域

适合使用的领域：

- 管道；
- 冷却水和循环系统中的工艺用水；
- 水力发电厂；
- 压力管道监控；
- 涡轮机效率监控。

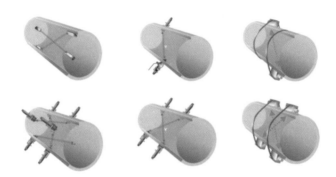

图 2-12-2　超声波时差法传感器的布置示意

12.3 产品特点

NF600 固定安装式满管超声波时差法流量计可以实时测量流速、水温并实时计算流量等，是最高技术水平的满管流量测量产品。

通过 DIN 导轨安装，紧凑型外壳可轻松集成到开关柜中，节省空间。此外，NF600 设备特殊的现场外壳，适用恶劣的环境条件。变送器的大型图形显示可以快速方便地调试流量计量系统。它还提供扩展的诊断选项，并能够对现场运行的过程进行深入分析。

变送器的配套软件是全新开发的。在将本流量计集成到更高系统（如 SCADA 或其他系统）中时，使用面向未来的协议和多种通信和连接选项为使用者提供了多种选择。

产品的其他特点如下：

◆ 经过验证的超声波传输时间测量；

◆ 单路径或多路径测量，最多 32 条测量路径，带扩展模块；

◆ 可插入或夹紧感感器；

◆ 易于安装，不会中断运行过程；

◆ 导向传感器定位，设置简单；

◆ 直观、现代的操作理念，可快速轻松地进行初始启动；

◆ 可以采用 IP68 防护罩，适合户外使用；

◆ 高数据安全的集成变送器；

◆ 存储的数据可以随时调用；

◆ 在线操作和在线参数设置（远程控制）；

◆ 对测量位置进行快速和全面的诊断。

12.4　操作方式

通过液晶显示器旁边的旋钮，选择菜单进行设置。

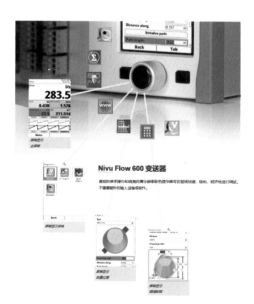

图 2-12-3　NF600 变送器的操作示意

12.5 通信方式

NF600 通信方式为 Modbus 485/232，4 ～ 20 mA，Modbus TCP，用通信电缆或外置 DTU 设备上传。

12.6 变送器和传感器的外形尺寸

12.6.1 变送器的外形尺寸

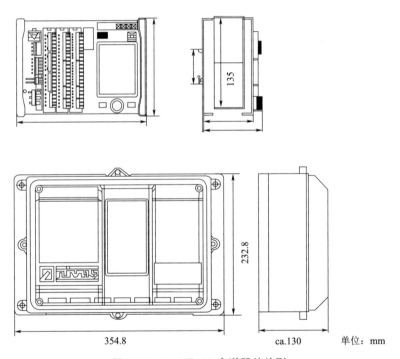

图 2-12-4　NF600 变送器的外形

12.6.2　传感器的外形尺寸

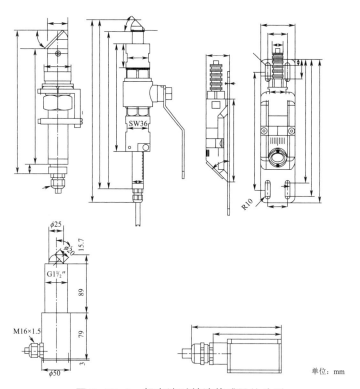

单位：mm

图 2-12-5　超声波时差法传感器的外形

12.7　产品性能参数

12.7.1　变送器的性能参数

表 2-12-1　NF600 变送器的技术参数

变送器	
电源	100 ～ 240 VAC，−15% / +10%，47 ～ 63 Hz 或 10 ～ 35 V DC
能耗	1 断电器通电，230 V AC; 14 W 最多 8 传感器的时差法 1 MHz
外壳	铝，塑料
质量	大约 1 150 g

续表

变送器	
保护	IP20（控制柜内），IP68（现场保护罩）
操作温度	直流：−20 ~ 70℃ 交流：−20 ~ 65℃
存储温度	−30 ~ 80℃
最大湿度	80%，非冷凝
显示	像素 240×320，65536 色
操作	旋转按钮，2 个功能键 菜单中有中文、英文、德语、法语等多种语言
连接	带弹簧笼接线端子的插头
输入	2×（类型 T2）4 ~ 20 mA，带 12 Bit 分辨率，用于存储外部设备的数据，2×（类型 T2）数字输入
输出	2×（Type T2）0/4 ~ 20 mA，负符 500Ohm，12 位分辨率；1×（Type T2）双稳态继电器 SPDT，负载高达 230 VAC/2A（cosϕ=0.9），最小开关电流 100 mA
数据存储	1.0GB 内存 通过 U 盘在面板上读出
通信	通过网络（LANAMAN，intemet）的 Modbus TCP 通过 RS485 或 RS232 的 Modbus RTU 以太网的 TCP/IP
测量路径	1 ~ 4 测量路径 配有 NivuFlow Extension Module 最多 32 条测量路径

12.7.2 传感器的性能参数

表 2-12-2 超声波时差法传感器的技术参数

传感器	
测量原理	超声波传输时间差法
测量范围	流速 ±20 m/s（±10 m/s）
管道内径	0.1 ~ 12 m（DN 100 ~ 12000） 夹持式：0.05 ~ 6.0×m（DN 50 ~ 6000）

续表

传感器	
测量不准确性	流速（$v_{average}$）±0.1% 测量路径中的测量值
测量频率	1 MHz
保护	IP 68
操作温度	−20 ～ 50℃，夹持式：−30 ～ 80℃
操作压力	杆式传感器：最多 16 bar（带保护元件）
电缆长度	7 m、10 m、15 m、20 m、30 m、50 m、100 m（扩展选择项：传感器可以连接到适配器盒，适配器盒与变送器之间电缆的长度最大 200 m）
电缆外径	8.5 mm, 夹持式：7 mm
传感器种类	带有固定元件的管道传感器 带有接地夹紧式传感器的楔形传感器
接触介质的材料	杆式传感器：不锈钢 1.4571，NBR，CFK（Carbon），HDPE，Viton® 楔形传感器：不锈钢 1.4571CFK（Carbon）

12.8　产品特点

- ◆ 绝对零点稳定和无漂移的传感器；
- ◆ 通过完美匹配地安装配件降低安装费用；
- ◆ 可以在运行条件下安装；
- ◆ 多种传感器结构保证了每种应用的最佳解决方案；
- ◆ 数字信号传输，实现远距离无差错连接；
- ◆ 可以选用 WRAS 认可的卫生级的杆式传感器。

图 2-13-1　外夹式多普勒流量计安装现场

　　排水管网和水体的流量和液位测量是水质测量行业的"痛点"、技术难点和关注热点。在与同行的线下沟通中，我们发现业界人员普遍对流量和液位的测量存在某些误区。为了系统地介绍排水管网及水体的流量和液位测量，NIVUS 的微信公众号每周将分别分享一篇典型案例、一篇技术分析、一篇产品简介、一篇拓展应用和一篇有问有答。

　　如有任何流量和液位测量的难题，可通过电话、微信或微信公众号留言联系我们，我们将在"有问有答"专栏回答大家关心的问题。

NivuGuard 2 多普勒流量计采用专门开发的外夹式多普勒方法，用于 DN 50 ～ 350 的塑料、不锈钢、钢或铸铁管的满管 / 污染介质 / 非接触式的流量监测。

13.1 流量原理

NivuGuard 2 流量计为速度 – 面积法流量计。测量流量（Q）需要测量两个因素：平均流速（$v_{平均}$）和过流面积（A）。采用以下通用计算公式：

$$Q = v_{平均} \cdot A$$

13.1.1 流速（v）的精确测量

NivuGuard 2 流量计基于多普勒效应，根据反射频率的变化得到过流断面中某个颗粒或气泡的流速；再通过变送器中预设的流态分布曲线，拟合得到断面的平均流速。

13.1.2 过流面积（A）的精确测量

NivuGuard 2 流量计用于满管的流量精确测量。在操作界面直接输入管径即可。

13.2 应用领域

适合使用的领域：

- 水泵、污泥泵和污水泵的干运行保护；
- 泵站和污水管网的中等测量精度的流量测量。

图 2-13-2 NivuGuard 2 外夹式多普勒流量计实物外观

13.3 产品特点

产品的特点如下：

- 适用 DN 50 ～ 350 的塑料、不锈钢、钢或铸铁管的满管流量测量；
- 适用从轻度污染到重度污染介质的流量测量；

- 适用中等测量精度情况下的改造和新建项目，在满足适用条件下流量测量精度 $\pm$（5 ~ 10）%；

- 由于采用了外夹技术，传感器可以从管道外部安装，非常快速和方便；

- 内置的积分信号评估允许在没有变送器的情况下操作传感器；

- 可以使用免费软件直接设置传感器；

- 外壳非常坚固，适合在恶劣的环境条件下使用；

- 由于采用外夹安装，NivuGuard 2 还可用于导致高磨蚀性和腐蚀性介质的管道。

13.4 操作方式

13.4.1 配套的 PC 软件

配套的 NivuGuard 2 PC 软件，是使用 NivuGuard 2 进行流量监控的理想设置工具。简单直观的用户界面可以快速设置测量。该软件一次性显示所有当前读数，可用于诊断和参数备份。

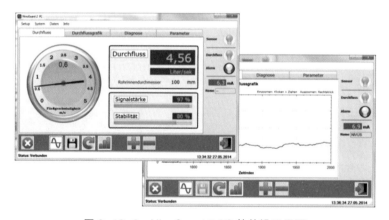

图 2-13-3　NivuGuard 2 PC 软件设置界面

13.4.2 可选的变送器

可选的 NivuGuard Monitor 可用作变送器并提供更多信号输出。使用显示器的大键盘也可以设置传感器。

图 2-13-4　NivuGuard 变送器实物外观

13.5　通信方式

NivuGuard 2 的通信方式为 RS485 Modbus RTU，用通信电缆或外置 DTU 设备上传。

13.6　传感器的外形尺寸

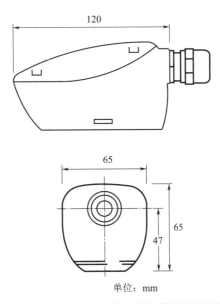

单位：mm

图 2-13-5　NivuGuard 2 外夹式多普勒流量计外形尺寸

13.7 产品性能参数

13.7.1 变送器的性能参数

表 2-13-1 外夹式多普勒变送器的技术参数

变送器	
电源	230 V AC +5% / −10%, 50/60 Hz
保护等级	IP66
操作温度	−20 ～ 50℃
模拟输出	1 × 4 ～ 20 mA，可扩展
数字输出	2 无电位报警继电器

13.7.2 传感器的性能参数

表 2-13-2 外夹式多普勒传感器的技术参数

传感器	
测量原理	超声波多普勒
外壳材料	铸造不锈钢
保护等级	IP67
推荐的电缆	最小电缆横截面 0.5 mm^2 屏蔽电缆；电缆直径 6 ～ 12 mm
电源	18 ～ 28 V DC，125 mA
操作温度	−20 ～ 70℃
测量误差	通常 ±5% 取决于应用场景
颗粒尺寸	＞100 μm
颗粒浓度	＞200 ppm
管道尺寸	DN 50 ～ 350
最大管道壁厚	最大 20 mm
管道材质	金属或塑料

续表

传感器	
流速范围	0.3 ～ 4 m/s
模拟输出	1×4 ～ 20 mA, 可扩展
数字输出	1× 无电位报警继电器
程序设计	通过 RS232
通信	RS485 Modbus RTU

13.8 推荐安装位置

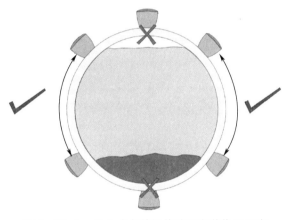

图 2-13-6 外夹式多普勒传感器安装位置示意

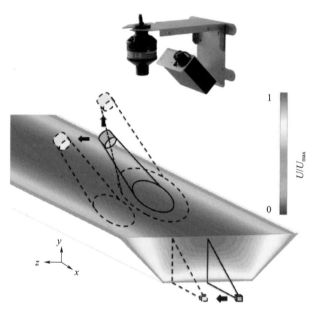

图 2-14-1　NF550 雷达流量计测量示意

　　排水管网和水体的流量和液位测量是水质测量行业的"痛点"、技术难点和关注热点。在与同行的线下沟通中，我们发现业界人员普遍对流量和液位的测量存在某些误区。为了系统地介绍排水管网及水体的流量和液位测量，NIVUS 的微信公众号每周将分别分享一篇典型案例、一篇技术分析、一篇产品简介、一篇拓展应用和一篇有问有答。

　　如有任何流量和液位测量的难题，可通过电话、微信或微信公众号留言联系我们，我们将在"有问有答"专栏回答大家关心的问题。

　　NIVUS 雷达流量测量系统为明渠和地下管网的流量测量提供非接触式解决方案。我们的测量系统采用连续波多普勒操作，适用所有类型的液体。

NF550 雷达流量计为速度 – 面积法流量计。测量流量（Q）需要测量两个因素：平均流速（$v_{平均}$）和过流面积（A）。采用以下通用计算公式：

$$Q = v_{平均} \cdot A$$

14.1.1 流速（v）的精确测量

NF550 雷达流量计基于雷达波的多普勒效应，根据反射频率的变化得到表面流速；再通过变送器中预设的流态分布曲线，拟合得到断面的平均流速。

表面流速的反馈信号如图2-14-3所示。

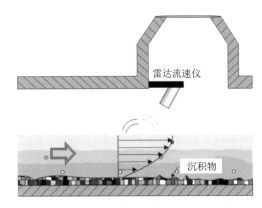

图 2-14-2　雷达流量计测量原理示意

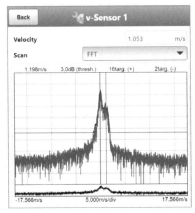
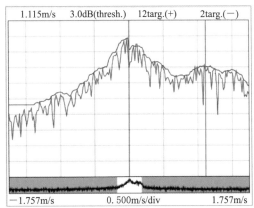

图 2-14-3　雷达流量计反馈信号示意

14.1.2 过流面积（A）的精确测量

外置的超声波液位计用于测量液面高度，并根据之前在 NF550 流量计中设定的过流断面的尺寸，自动计算过流断面的面积。

14.2　应用领域

适合使用的领域：

◆ 各种介质的非接触的流速和流量测量。

14.3　产品特点

◆ 非接触性流量测量；

◆ 可选附加传感器；

◆ 安装时不中断流程；

◆ 结合超声波水平剖面扫描仪提高精度；

◆ 通过沉积物检测进行区域校正；

◆ 免维护。

14.4　通信方式

NF550 的通信方式为 RS485 Modbus RTU，用通信电缆或外置 DTU 设备上传。

14.5　模块化系统

雷达流量测量系统是模块化的。因此，我们可以为每种应用提供合适的解决方案。

在正确位置进行理想的液位测量：

◆ 为应用选择最佳液位测量方法；

◆ 可选的超声波测量，可在附加条件下进行；

◆ 通过冗余提高准确性；

◆ 超声波流量测量。

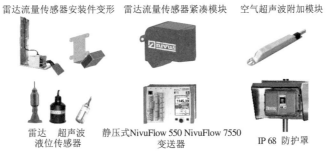

雷达流量传感器安装件变形　雷达流量传感器紧凑模块　空气超声波附加模块

雷达　超声波
液位传感器　　静压式NivuFlow 550 NivuFlow 7550　IP 68 防护罩
　　　　　　　变送器

图 2-14-4　雷达流量计的设备组成

<h2>14.6　产品性能参数</h2>

14.6.1　变送器的性能参数

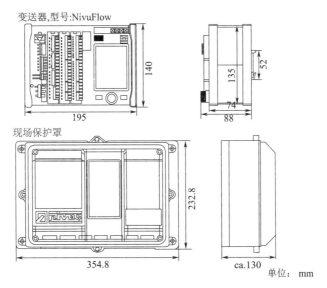

变送器,型号:NivuFlow

140

195

135

52

74

88

现场保护罩

232.8

354.8

ca.130

单位：mm

图 2-14-5　NF550 变送器外形

表 2-14-1　NF550 变送器技术参数

NivuFlow 550 / NivuFlow 7550	
电源	100 ～ 240 VAC, +10% ～ 15% 47 ～ 63 Hz 或 9 ～ 36 V DC
能耗	通常 14 V・A

续表

NivuFlow 550 / NivuFlow 7550	
外壳	材铝，塑料（变送器外壳） 塑料（现场保护罩）
保护	IP20,安装现场保护罩后为 IP 68
操作温度	−20 ～ 70℃
最大湿度	80%,非冷凝
显示	240×320 像素，65536 颜色
操作	选择按钮，2 个功能键 菜单有英语、法语等语言
连接	插入式
输入	最大 7×4 ～ 20 mA, 最大 4×RS485
输出	最大 4×0/4 ～ 20 mA, 最大 5× 继电器
数据存储	2.2GB 内存，通过 USB 记忆棒灵活扩展,在面板上读出
通信	Modbus，HART®
流量测量不准确性	通常 ±5%; 在参考条件下 ±2%

14.6.2　传感器的性能参数

雷达传感器，型号:OFR

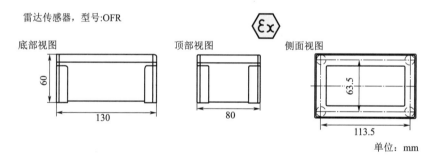

图 2-14-6　雷达传感器的外形

表 2-14-2　雷达传感器的技术参数

OFR 雷达传感器	
测量方法	雷达 −24 GHz – ISM band
测量流速范围	0.15 ～ 10 m/s
温度范围	−30 ～ 70℃ −20 ～ 50℃

续表

OFR 雷达传感器	
测量距离范围	0.3 ～ 10 m
保护	IP 68– 完全封装
外壳材料	高性能复合材料
接口	用于连接到 NivuFlowh 或 OCM Pro 的 RS485
测量不准确性	测量值的 ± 0.5% ± 0.01 m/s
防爆	II 2G Ex ib IIB T4 Gb;TUV 16 ATEX 185271X; IECEx 16.0034x

14.7 设置方式

在 NF550 变送器上，可视化地直接设置。

图 2-14-7 NF550 操作界面

第三章　技术分析 ◀《《

1 排水管网入流入渗量的测量原理、测量方法和应用案例

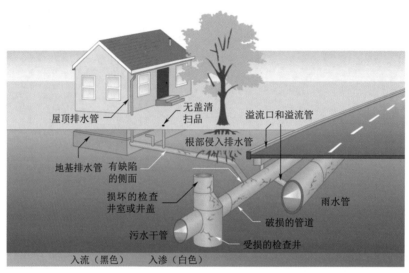

屋顶排水管 无盖清扫品 溢流口和溢流管
地基排水管 有缺陷的侧面 根部侵入排水管
损坏的检查井室或井盖 雨水管
污水干管 破损的管道
受损的检查井
入流（黑色） 入渗（白色）

图 3-1-1　入流入渗量的来源

　　排水管网和水体的流量和液位测量是水质测量行业的"痛点"、技术难点和关注热点。在与同行的线下沟通中，我们发现业界人员普遍对流量和液位的测量存在某些误区。为了系统地介绍排水管网及水体的流量和液位测量，NIVUS 的微信公众号每周将分别分享一篇典型案例、一篇技术分析、一篇产品简介、一篇拓展应用和一篇有问有答。

　　如有任何流量和液位测量的难题，可通过电话、微信或微信公众号留言联系我们，我们将在"有问有答"专栏回答大家关心的问题。

　　国内管网的特点：（1）"两高"：管网高水位、污水处理厂高负荷；（2）"两低"：进水浓度低，减排效率低。提质增效不仅是污水处理厂提标改造，重点是精准截污（消直排、堵倒灌、治渗水、改混接、减溢流）。

解决入流入渗是提质增效的前提和基础。入流入渗量的测量为地下管网的修复策略提供详细而有价值的信息，如基于这些信息可以对修复范围和修复措施进行优先排序。

图 3-1-2　入流入渗的现场照片

1.1　入流入渗量的测量方法

德国用水管理、废水和垃圾注册协会（DWA，2012）的 DWA-M 182 指南中包括入流入渗量测量的不同方法。根据边界条件和可用数据，该指南建议采用以下方法：

◆ 化学法：根据夜间最小流量条件下，特定污染物的旱季平均日流量浓度与污染物浓度的比值计算入渗流量；

◆ 每年旱季流量法：每年污水管网中旱季流量，与集水区／小流域相应饮用水消耗量之间的差异；

◆ 移动最小方法：基于 21 天为周期的最小昼夜流量对应旱季流量的假设，进一步的分析步骤与旱季流量法相同；

◆ 夜间最小流量法：基于夜间最小流量值等于入流入渗量的假设。

考虑到每年旱季流量法和移动最小方法的测量时间比较长，建议使用夜间最小流量法用于量化入流入渗量。

而夜间最小流量法也是 NIVUS 用于排水管网入流入渗量测量的标准方法。

1.2 夜间最小流量法的基本测量步骤

夜间最小流量法的基本测量步骤如下：

- ◆ 观察并确认测量的汇水分区；
- ◆ 进行管网的流量测量；
- ◆ 必要时测量雨量；
- ◆ 处理收集的流量等数据并评估所调查的汇水分区的入流入渗量；
- ◆ 如果需要获得入流入渗来源的更多信息，请在测量点的上游进行进一步测量。

请注意，需要屏蔽降雨对入流入渗量测量结果的影响。

1.3 入流入渗量监测的边界条件

入流入渗量监测的边界条件如下：

- ◆ 通常为满管与非满管交替；
- ◆ 存在极低水位的情况；
- ◆ 测量点可能很难进入（如交叉路口）；
- ◆ 现场没有电源；
- ◆ 测量过程需要严格监督，以便规避风险。

1.4 流量测量设备的选择

用于入流入渗量测量的设备如下：

（1）NFM750+CSP 或 CSM 互相关传感器，用于 DN 200～5000 的流量测量。在满足前后平直段要求情况下，流量测量误差＜3%；

（2）NFM750+NPP NIVUS 管道断面流量仪，用于 DN 150～600 小型管道的高精度流量测量，在满足前后平直段要求情况下，

图 3-1-3　用于入流入渗量测量
的楔形传感器安装现场

流量测量误差＜ 2%。

图 3-1-4　用于入流入渗量测量的 NPP 管道断面流量仪的安装现场

1.5　夜间最小流量法测量入流入渗量的案例

某一汇水分区的入流入渗量的测量步骤和结果如下。

◆ 选择合适的测量点，进行 $N×7$ 天的流量测量。其中的 N 为倍数，根据现场情况并在测量方案中确认。

◆ 安装雨量计，实时监测降雨量。根据雨量测量结果，去除流量测量中的部分流量值，规避降雨对流量测量的影响。

请注意，除了下述情况以外，不需要对流量测量数据做二次清洗：

（1）降雨导致的流量变化数据；

（2）异物覆盖传感器导致的测量结果异常；

（3）液位低于传感器导致测量误差。

图 3-1-5　雨量计安装现场

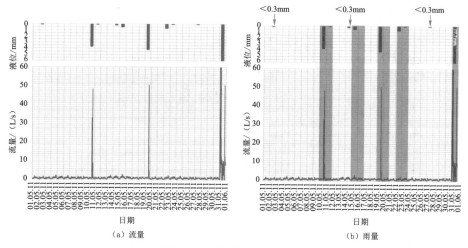

图 3-1-6　流量和雨量的对比

◆ 根据测量数据，找到 0:00—4:00 的最小流量值，此流量值即为管道的本底流量，也就是入流入渗量。

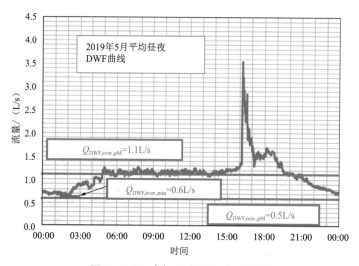

图 3-1-7　夜间最小流量法的计算

◆ 测量结果

$Q_{DWF,min,pM} = Q_{IIF,pM} = 0.5 \text{ L/s}$

$Q_{DWF,aver.,pM} = 1.1 \text{L/s}$

$Q_{sew.,aver.,pM} = Q_{DWF,aver.,min} = Q_{DWF,aver.,min} - Q_{DWF,min,pM} = 0.6 \text{ L/s}$

得出，FWZ = 83%。

FWZ 为地下管网中入流入渗量与污水量的比例；FWZ=100%，意味着地下管网的入流入渗量等于污水量。

1.6　结论

◆ 德国用水管理、废水和垃圾注册协会（DWA，2012）推荐采用化学法、每年旱季流量法、移动最小方法和夜间最小流量法进行排水管网的入流入渗量的测量。

◆ 根据国内排水管网的特点及监测的时间限制，我们建议采用夜间最小流量法进行排水管网的入流入渗量的测量。

◆ 考虑到高精度流量测量的需求，我们建议采用（1）NFM750+CSP或 CSM 互相关传感器，用于 DN 200～5000 的流量测量。在满足前后平直段要求情况下，流量测量误差＜3%；或（2）NFM750+NPP NIVUS 管道断面流量仪，用于 DN 150～600 小型管道的高精度流量测量，在满足前后平直段要求情况下，流量测量误差＜2%。

◆ 入流入渗量的测量，建议从小的汇水分区开始实施。

◆ 基于入流入渗量的测量结果，可以有更多的应用拓展，比如判断管网质量、监控管网非开挖修复质量、来水异常等。我们将在后续每周的"拓展应用"进行详细讨论。

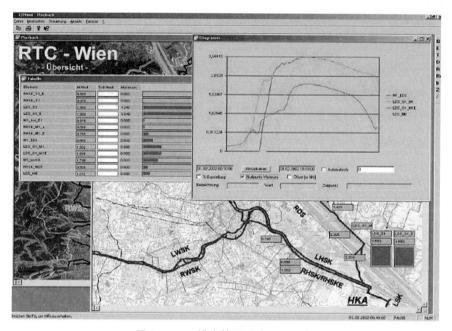

图 3-2-1　排水管网系统界面示意

　　排水管网和水体的流量和液位测量是水质测量行业的"痛点"、技术难点和关注热点。在与同行的线下沟通中，我们发现业界人员普遍对流量和液位的测量存在某些误区。为了系统地介绍排水管网及水体的流量和液位测量，NIVUS 的微信公众号每周将分别分享一篇典型案例、一篇技术分析、一篇产品简介、一篇拓展应用和一篇有问有答。

　　如有任何流量和液位测量的难题，可通过电话、微信或微信公众号留言联系我们，我们将在"有问有答"专栏回答大家关心的问题。

提升城市排水系统的防涝能力、减少排水管网的沿途溢流污染、最大限度地发挥排水管网调蓄能力和末端污水处理能力一直是集中式城镇排水系统追求的方向。而通过增加基础设施建设增加排水系统的处理能力，不仅投资成本高回报期长，并且受土地使用等问题限制。如何构建具有弹性、可靠性和可持续性的现代排水系统架构，通过动态的控制方式，充分利用现有基础设施实现 CSO 消减和内涝控制等目标，是厂站网河一体化的发展方向。

排水管网实时控制（Sewer Management System with Real Time Control，以下简称 RTC）是优化城市排水系统运行的可行方式。

按照系统实际控制（管理）的范围，可以将实时控制系统分成局部响应控制、城市级别的优化控制和流域联合调度三种级别。维也纳排水管网 RTC 项目是对整个城市的排水管网进行综合管控，属于城市级别的优化控制。

维也纳排水管网 RTC 项目由德国汉诺威水协的成员公司——德国 ITWH 公司具体实施，德国 NIVUS（尼沃斯）公司提供底层传感器和测量技术服务。维也纳 RTC 项目获得德国水伙伴计划 Water4.0 推荐，为其推荐的唯一一个排水管网智慧水务案例。

2.1 维也纳 RTC 项目背景介绍

维也纳市排水管网 RTC 项目背景情况如下：

- 总人口 1 650 000；
- 汇水区域面积 450 km^2；
- 排水管网总长度 > 2 200 km；
- 62.8 万 m^3 的排水管网调蓄空间；
- 排水管段数量 55 000 根。

项目主要目标：

- 减少合流管网溢流量；
- 调节污水处理厂的入流水量；

◆ 改善排水控制；

◆ 法规要求降雨时合流管道 90% 的水量须排入污水处理厂进行处理，而项目实施前为 10%，有巨大的差距。

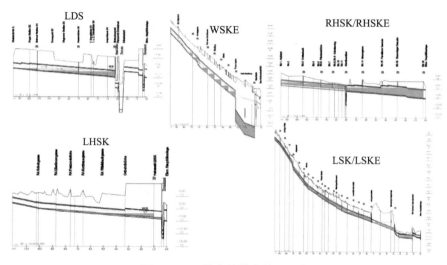

图 3-2-2　维也纳排水管网示意

2.2　实施路径的选择

经过前期咨询，确认可以采用新建调蓄池和 RTC 的两种方案解决此问题。

方案一：新建调蓄池：

◆ 调蓄池总容积：约 255 000 m^3；

◆ 投资高，占地面积大；

◆ 很难找到合适的实施地点。

方案二：RTC 系统：

◆ 需要 361 000 m^3 的管网调蓄空间；

◆ 排水管网实际总容积：628 000 m^3，满足要求；

◆ RTC（实时控制）的投资成本低得多；

◆ 节省 7 800 万欧元。

最终，选择在维也纳排水管网系统中实施实时控制。

2.3　具体工作内容

实现目标的 RTC 关键控制单元如下：

◆ 利用排水管网中的可用容积作为调蓄空间；

◆ 控制闸阀、堰板和水泵等设备；

◆ 对流量、液位和雨量进行实时测量；

◆ 预测降雨期间排水管网的入流水量；

◆ 运用专家系统模糊控制器（RTC Fuzzy-controller）实现实时控制。

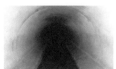

图 3-2-3　维也纳排水管网 RTC 安装流量计和液位计的现场

2.4　实时监测内容

根据 RTC 的要求，需要对排水管网每个汇水分区的关键节点前后进行流量或液位的实时测量，还需要测量（1）闸门的开度；（2）每个汇水分区的雨量和（3）雷达预测降雨量。

表 3-2-1　维也纳排水管网 RTC 的安装设备清单

序　号	设备名称	数　量	技术要求
1	非满管流量计	56	互相关流量计，带液位冗余测量

续表

序　号	设备名称	数　量	技术要求
2	超声波液位计	80	—
3	雨量计	24	容积法
4	雨量雷达	1	—
5	闸门位置（开度）	所有闸门	—
6	水泵流量	所有泵站	电磁流量计或互相关流量计

其中，每个汇水分区的关键节点前后进行的流量或液位的实时测量数据，是 RTC 系统控制的关键参数。

2.4.1　流量计的选择

根据本书"有问有答：如何选择排水管网流量计"（见 P318），排水管网中使用的主要是超声波多普勒和超声波互相关流量计。而互相关流量计和多普勒流量计的比较，见表 3-2-2。

表 3-2-2　互相关流量计和多普勒流量计的对比

序号	项目	NIVUS 互相关流量计	NIVUS 多普勒流量计
1	流速传感器种类	脉冲超声波	连续多普勒
2	流速传感器扫描层数	16 层，直接测量过流断面流速	点流速，用数学模型拟合过流断面流速
3	流速测量下限	-1 m/s	通常为 0.1 m/s
4	水位测量范围	0% ~ 100%	有盲区，通常 6 cm 以上
5	流速的测量不准确性	（1）<测量值的 1%（v > 1 m/s）；（2）测量值的 ±0.5%，或者 +5 mm/s（v < 1 m/s）	测量值的 ±2%
6	流量的测量不准确性	测量值的 ±（1 ~ 3）%	测量值的 ±10% 以上，甚至达到 ±50%

续表

序号	项目	NIVUS 互相关流量计	NIVUS 多普勒流量计
7	液位测量方法	水中超声波、空气超声波、静压式液位计，或者两线制液位计	通常是静压式液位计
8	信号穿透深度	≤ 5 m	0.5 m
9	是否需要定期校正	绝对零点无漂移，测量真实流量，不需要校正	流速值为计算结果，需要定期校正

固定安装流量测量系统　　　　　　便携式流量测量系统

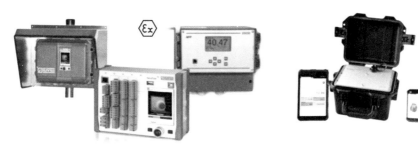

图 3-2-4　互相关流量计的不同安装方式

　　考虑到维也纳排水管网的安装条件复杂、水质变化大、流量测量精度要求高、维护难度大，最终，选择德国 NIVUS 公司的 56 套互相关流量计（包括便携式和固定安装式），用于维也纳市地下管网关键节点的流量测量。

　　互相关流量计的传感器表面不产生微生物膜，日常维护工作量小。

　　为了及时发现排水管网中传感器的状态，选择液位冗余测量的互相关流速传感器。

2.4.2　超声波液位计的选择

　　维也纳排水管网 RTC 项目的超声波液位计，除了控制闸门的开度之外，还在一些非关键节点测量液位高度通过水力学公式计算管道流量。

　　如果超声波液位计的测量误差大，将导致水力学公式计算结果的偏差，因此，液位测量需要比较高的测量精度。

表 3-2-3 i 系列不同型号超声波液位计参数

型号	P-M3	P-03	P-06	P-10	P-15	P-25	P-40
测量范围	0.07 ～ 2.4 m	0.125 ～ 3 m	0.3 ～ 6 m	0.3 ～ 10 m	0.5 ～ 15 m	0.6 ～ 25 m	1.2 ～ 40 m
分辨率	±2 mm						
测量不确定度	1 mm						
频率	125 kHz		75 kHz	50 kHz	41 kHz	30 kHz	20 kHz
环境压力	−0.5 ～ +5.0bar						
防护级别	IP68						
温度	−30℃到95℃（防爆 −30℃到75℃）		−40℃到95℃（在防爆区域中 −40℃到75℃）				
声波角<	12°		12°	10°	9°	10°	7°
防爆认证	II 2GD Ex m II T6（也可提供 II 1GD Ex ia IIC T6, 仅可与本质安全型测量变送器(ia)结合使用）						
材料	VALOX357(PBT)						
电缆长度	5 m，10 m，20 m，30 m，50 m 和 100 m；特殊长度可根据要求订制						

　　NIVUS 的超声波液位计，在 0.07 ～ 40 m 的测量范围内，分辨率＜±2 mm，测量误差＜测量值的 0.25% 或 1 mm，完全满足项目设计要求。

　　最终，选择德国 NIVUS 公司的 80 套超声波液位计，用于维也纳市地下管网关键节点的液位测量。

2.4.3　雨量计的选择

　　维也纳排水管网 RTC 项目，对雨量计的测量精度和测量稳定性提出更高的要求。NIVUS 的雨量计的分辨率达到 0.1 mm 降水量，完全满足项目设计要求。

图 3-2-5 i 系列超声波液位计

最终，选择德国 NIVUS 公司的 24 套雨量计，用于维也纳市地下管网关键节点的雨量测量。

RM200型雨量计
（无加热）
或RM202型雨量计
（带加热，
冬季无故障运行）

数据记录器
（可选）

带插头的
供电单元
（可选）

用于现场使用的
ZMS156支架或
带底板的ZMS155支架

图 3-2-6　雨量计结构及安装现场

2.5　实施后的效果

RTC 的效益如下：

- 减少 50% 的 CSO 溢流量；
- 优化厂站网河的运行，实现排水管网污染物负荷的动态平衡。

2.6　项目实施方的建议

作为德国著名的水文和水利模型开发者，德国 ITWH 公司是维也纳排水管网 RTC 项目的系统实施方。

对于排水管网 RTC 项目，ITWH 的建议如下：

- 建立两个月的降雨径流和水力模型至关重要。
- 流量、液位和雨量测量系统是硬件系统的核心；这些测量数据将用于校准 RTC 系统。选择互相关流量计并考虑液位冗余测量，并在汇水分区的节点前后进行测量。
- 确认预测方法和模型，预留足够的时间来测试模型。

◆ 控制器：您是否有模糊控制器可用。请记住，它应该能够处理不同的规则。

◆ 是否有适用 MPC 的软件？

◆ 需要不同软件模块之间的直接通信。

◆ 至少用半年的时间进行测试和改进。

2.7 底层传感器供应商的建议

作为全球领先的水行业测量仪表的研发商、制造商和服务商，德国 NIVUS 公司为维也纳排水管网 RTC 项目提供了 56 套互相关流量计、80 套超声波液位计和 24 套雨量计。对于排水管网 RTC 项目，德国 NIVUS 公司的建议如下：

◆ 根据拟定测量点的前后平直段长度、断面尺寸、可能的流速和液位范围等，选择合适的流速传感器和安装方式；

◆ 根据测量点的现场情况，选择合适的超声波液位计的种类和安装方式；

◆ 提供流量计、液位计和雨量计的设备选型、安装方式等技术支持，并提供设备调试、运行过程的数据分析等全程的技术支持。

2.8 致谢

本文部分图片来自德国汉诺威水协，在此表示感谢。

图 3-3-1　NPP 流量计的安装示意

　　排水管网和水体的流量和液位测量是水质测量行业的"痛点"、技术难点和关注热点。在与同行的线下沟通中，我们发现业界人员普遍对流量和液位的测量存在某些误区。为了系统地介绍排水管网及水体的流量和液位测量，NIVUS 的微信公众号每周将分别分享一篇典型案例、一篇技术分析、一篇产品简介、一篇拓展应用和一篇有问有答。

　　如有任何流量和液位测量的难题，可通过电话、微信或微信公众号留言联系我们，我们将在"有问有答"专栏回答大家关心的问题。

　　可靠的流量测量数据，是排水管网诊断、黑臭水体治理、厂站网河一体化项目和水务数字化项目规划、建设和高效运营的前提和基础；也是这些项目的痛点和难点。

DN 150 ~ 600 的小管径排水管网的流量测量，是这些场合流量测量的重点难点之一，也是需要解决的问题之一。

3.1　小管径排水管网流量测量的应用领域和应用场景

在下面的应用领域，会遇到小管径排水管网流量测量：

- ◆ 入流入渗量的测量；
- ◆ 污水处理厂的提质增效；
- ◆ 确定汇水分区和改造范围；
- ◆ 确认调蓄池容积；
- ◆ 排水管网管理系统；
- ◆ 水力计算模型的校准依据；
- ◆ 进水水量的控制；
- ◆ 限流阀的流量控制；
- ◆ 确定新计费系统的基础数据。

小管径排水管网流量测量的应用场景如下：

- ◆ 通常低流速，有时高流速；流速和流量波动大；如果流速低于 0.1 m/s，则不适合采用多普勒流量计；
- ◆ 通常液位低，但液位波动大，会出现满管的情况；
- ◆ 底部通常有沉积物。

3.2　小管径排水管网流量测量设备的选择

下面对可能应用在小管径排水管网流量测量的设备进行分析：

3.2.1　超声波多普勒流量计

超声波多普勒流量计是排水管网流量测量中常用的设备。

多普勒流量计基于多普勒效应。多普勒流量计向水中发射连续超声波，超声波遇到水中颗粒后反射；多普勒流量计接收到的反射波的频率将发生变化。多普勒流量计将记录这个频率的变化值，并根据多普勒效应计算出这个点的颗粒的运动速度。然后通过预先设定的流场模型，计算出整个断面的平均流速。

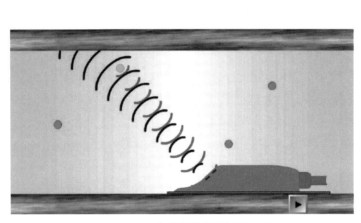

图 3-3-2 多普勒流量计测量原理

多普勒流量计受到奈奎斯特限制（Nyquist Limitation）的影响，即管道内流速与多普勒流量计的信号穿透深度成反比。

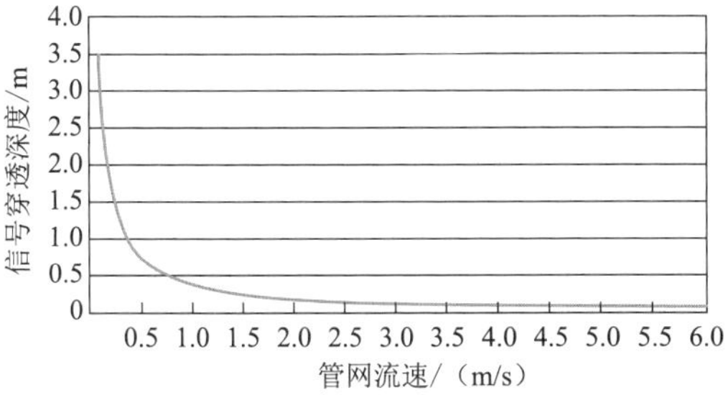

表 3-3-1 管道流速和多普勒流量计
信号穿透深度的关系

编号	流速 /（m/s）	信号穿透深度 /m
1	3.735	0.10
2	1.496	0.25
3	0.747	0.50
4	0.498	0.75
5	0.373	1.00
6	0.249	1.50
7	0.187	2.00
8	0.149	2.50
9	0.124	3.00
10	0.107	3.50

图 3-3-3 奈奎斯特限制示意图

NIVUS 的多普勒流量计的信号穿透深度通常在 0.3 ～ 0.5 m。在管道流速比较大时，超声波多普勒流量计的信号穿透深度不足，会加大测量误差。

更重要的是，多普勒流量计存在流速测量下限。如果管道流速低于 0.1 m/s，多普勒流量计通常无法检出流速。

因此，在测量小管径排水管网流量时，要重视管道内低流速对多普勒流量计的影响。

3.2.2 电磁流量计

电磁流量计是我们熟知的流量计，大量使用于各种管道的流量测量。而我们走上工作岗位，接触到的第一种流量计通常就是电磁流量计。

电磁流量计使用法拉第电磁定律（1832 年）来确定管道中的液体流量。在电磁流量计中，会产生磁场并渗透到流经管道的液体中。遵循法拉第定律，导电液体流过磁场会导致电压信号被位于流量管壁上的电极收集。当流体运动得更快时，会产生更大的电压。生成的电压（U）与速度和流量（Q）成正比。

图 3-3-4　电磁流量计测量原理

$$U=K \cdot B \cdot D \cdot v$$
$$Q=v \cdot \frac{\pi D^2}{4}$$

式中，K——几何修正系数；

　　　B——磁场强度；

　　　D——测量管道的直径；

　　　v——流速。

电磁流量计的优点如下：

◆ 可用于污水和清水；

◆ 流场无阻碍；

◆ 在高流速下可以进行高精度的测量。

而电磁流量计也有缺点，具体如下：

◆ 只适合电导率 > 5 μS/m 的液体；

◆ 最小测量流速 0.5 m/s，低于 0.5 m/s 通常就采用小流量切除；

◆ 电极上的隔离涂层会引起测量误差；

◆ 系统运行时无法安装，即无法带水安装；

- 通常用于满管；目前也有非满管电磁流量计，最低液位不能低于满管的 1/3，同样不适合排水管网的大液位波动。
- 设备重；
- 安装费用高。

目前，国外也出现了将电磁流量计（24 V）与膨胀气囊和弯头相结合，将气囊插入管道中并受压膨胀，造成管道满管后，利用电磁流量计进行小管径排水管网流量测量的方法。安装方式见图 3-3-5。

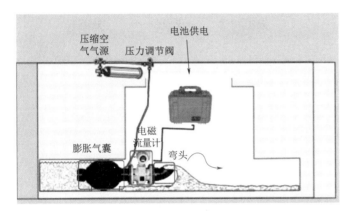

图 3-3-5 检查井内安装电磁流量计示意

这种方法的优点：在高流速（比如 2 m/s）时，测量精度很高。

这种方法的缺点也很明显：

- 小管道排水管网，尤其用于入流入渗测量，很多是低流速，而电磁流量计只适用于流速 > 0.5 m/s 的情况；
- 国内的排水管网中杂质多，电磁流量计部分会有沉积物，从而减少过流断面的面积，并影响电磁流量计的使用；
- 不同的管径，对应不同的电磁流量计，不同尺寸的电磁流量计不通用；因此，需要根据管径的不同更换电磁流量计；
- 通常使用的管径是 DN 100、DN 150 和 DN 250；而 DN 150 和 DN 250 的电磁流量计过重，一个人在检查井内无法完成安装；
- 实际使用中会出现满管的情况，这种情况下电磁流量计会浸泡在污水中，设备寿命受影响；

◆ 电磁流量计要求至少前 5× 后 3×，这样设计的后面的平直段长度不够。

由于上面问题，这种测量方法在国内小管道排水管网的适应性不足。

3.2.3 互相关流量计

互相关流量计的测量流速的方法基于超声波反射原理进行。

工作时，流量计传感器发射固定角度的超声波脉冲，扫描雨污水中的反射物（微小颗粒、矿物或气泡），将得到的回波保存为图像或回波模式。间隔几毫秒后，接着进行第二次扫描，产生的回波图像或模式也被保存。由于反射物随雨污水介质在同步移动，通过比较前后两个相似图像或模式之间的相互关系可以识别反射物的位置来检测和计算流速。考虑到超声波的光束角度和脉冲重复率，通过空间分配最多可以直接测量流体中的 16 层微小颗粒的速度，从而直接计算得到高精度的管道断面流速：当流速< 1 m/s 时，测量不准确性为测量值的 ±0.5%+5 mm/s；当流速> 1 m/s 时，测量不准确性为测量值的 ±1%。这也是互相关流量计的测量精度优于多普勒流量计的关键之处。

NPP 管道断面流量仪是对经典的 NFM750 便携式互相关测量系统的扩展应用，由 CSM 杆式传感器、压力管弯头、气囊、手持把手、夹紧环、压缩空气管、空压机和 NFM750 变送器组成。具体见图 3-3-6。

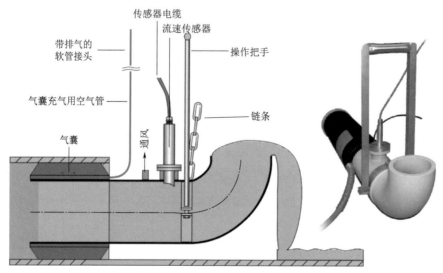

图 3-3-6　NPP 流量计的安装示意

　　CSM 杆式互相关传感器可以感知到管道内污泥界面的高度，并自动调整过流断面的面积，确保测量精度。

　　这套系统的优点如下：

- ◆ 借助引导式传感器座，传感器始终处于正确位置；
- ◆ 具有理想流量曲线的全管测量，确保高精度的流量测量；
- ◆ 使用超声波互相关流量计，实现 –1 ～ +6 m/s 范围内高可靠度和高精度的流量测量；

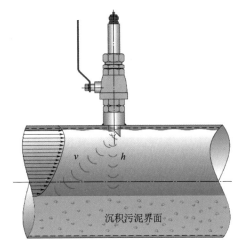

图 3-3-7　插入式互相关传感器的安装示意

- ◆ 实时测量污泥界面高度，精确定义管道的截面面积；
- ◆ 无须更换流量计，实现 DN 150 ～ 600 的精确测量（根据管径不同，需要更换弯头和气囊）；
- ◆ 轻巧，可以由一个人安装；
- ◆ 互相关流速传感器表面不生长微生物膜，维护工作量降至最小；
- ◆ 设备的设计使用寿命长达 10 年；
- ◆ 设备的 5 年期综合投资（包括一次性采购成本和维护费用），是 NIVUS 多普勒流量计的 50% 甚至更低。

3.2.4　三种流量计的比较

　　NIVUS 的 NPP 管道断面流量仪（配合 CSM 互相关流量计）、多普勒流量计和常用电磁流量计的比较见表 3-3-2。

表 3-3-2　不同流量计技术性能对比

编号	项　目	NPP 管道断面流量仪	多普勒流量计	电磁流量计
1	流速传感器种类	脉冲超声波，1 MHz	连续多普勒，1 MHz	电磁流量计

续表

编号	项　目	NPP 管道断面流量仪	多普勒流量计	电磁流量计
2	流速传感器扫描层数	16 层，直接测量过流断面流速	点流速，用数学模型拟合过流断面流速	切割磁力线
3	流速测量下限	−1 m/s	通常下限为 0.1 m/s	0.5 m/s，小流速切除
4	水位测量范围	0% ~ 100%	有盲区，通常 6 cm 以上	满管
5	是否可以测量污泥界面	可以	不可以	不可以
6	流速的测量不准确性	（1）＜测量值的 1%（v ＞ 1 m/s），（2）测量值的 0.5% ±5 mm/s（v ＜ 1 m/s）	点流速测量值的 ±2%	实验室条件下通常千分之几，低流速下测量误差快速增加
7	流量的测量不准确性	测量值的 ±（1 ~ 3）%	受液位和前后平直段影响，通常为测量值的 ±15% 以上，甚至 ±150%	受流速的影响很大：通常在流速为 2 m/s 左右时的测量精度高；当流速＜ 0.5 m/s 时，流量被切除
8	液位测量方法	水中超声波、空气超声波、静压液位计，或者两线制液位计	通常是静压式液位计	通常满管；非满管测量液位下限为 30% 满管
9	信号穿透深度（或长度）	最大 5 m	通常 0.5 m	约 2 m 以内
10	重量和安装便捷性	轻，安装方便	轻，安装方便	重，安装不方便
11	对油脂、油和污泥敏感性	不敏感	敏感	敏感
12	是否需要定期校正	绝对零点无漂移，测量真实流量，不需要校正	流速值为计算结果，需要定期校正	定期校正

　　因此，我们推荐采用 NPP 管道断面流量仪（配合 CSM 互相关流量计），对 DN 150 ～ 600 的小管道排水管网进行精确的流量测量。

3.3 NPP 管道断面流量仪的技术指标

3.3.1 NPP 管道断面流量仪的系统组成

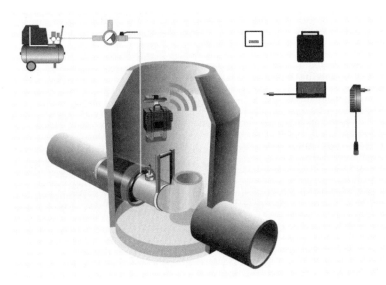

图 3-3-8　NPP 管道断面流量计的系统组成

表 3-3-3　NPP 管道断面流量计的技术参数

NPP 管道断面流量仪 - 整套系统	
最大充气压	1.5 bar
操作温度	−10 ～ 70℃
存储温度	−20 ～ 60℃
测量不准确性	2%，取决于测量和边界条件
材质	PPH、不锈钢、天然橡胶
CSM 杆式传感器	

续表

测量原理	带实际剖面流速测量的超声波互相关法
测量频率	1 MHz
保护	IP68
CSM 杆式传感器	
防爆	II 2G Ex ib IIB Gb（ATEX） Ex ib IIB T4 Gb（IECEX）
操作压力	最大 4 bar
电缆长度	15 m，可以定制
结构	1 组带连接法兰的管道传感器
流速测量范围	−100 ～ 600 cm/s
速度分层	最多 16 层
误差极限	绝对稳定的零点
测量误差 （每个速度层）	<测量值的 1%（$v > 1$ m/s） <测量值的 0.5% +5 mm/s（$v < 1$ m/s）
材质	不锈钢 1.4571（AISI 316Ti），PEEK

3.3.2 NPP 管道断面流量仪的技术参数

NPP 管道断面流量仪的特点如下：

◆ 采用气囊的临时测量／不锈钢密封的长期测量；

◆ 可以适用 DN 150 ～ 600 的流量测量；

◆ 解决超低流速和超低液位的测量问题；

◆ 流量测量误差< ±2%。

3.4 NPP 互相关管道断面流量仪的安装方式

3.4.1 NPP 的固定方式

NPP 可以采用气囊固定，也可以采用不锈钢环固定。

气囊固定用于临时测量或者固定式使用。气囊用压缩空气膨胀后，可以维持压力达到 6 个月，其间可以将空压机等撤离现场。这样就可以满足现场临时测量的要求。

也可以采用不锈钢环固定，用于固定式安装。

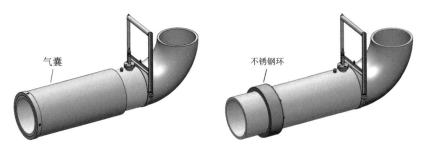

图 3-3-9　NPP 流量计的两种固定方式

3.4.2　NPP 的安装步骤

NPP 只需要一人在检查井内安装，具体安装步骤如图 2-3-3。可以实现快速安装。

3.5　NPP 的参数设定

可以使用 NFM750 自带的操作系统，可视化地快速设定 NPP 的参数；污泥界面高度可以人工设定，也可以自动测量。

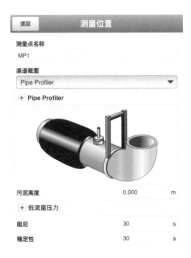

图 3-3-10　NPP 流量计的设置界面

3.6 现场应用照片

图 3-3-11   NPP 流量计安装现场

3.7 说明

本文部分图片来自互联网，若有侵权，请联系编著者。

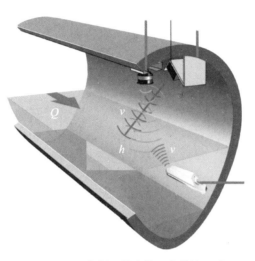

图 3-4-1　大断面排水管网安装流量计

　　排水管网和水体的流量和液位测量是水质测量行业的"痛点"、技术难点和关注热点。在与同行的线下沟通中，我们发现业界人员普遍对流量和液位的测量存在某些误区。为了系统地介绍排水管网及水体的流量和液位测量，NIVUS 的微信公众号每周将分别分享一篇典型案例、一篇技术分析、一篇产品简介、一篇拓展应用和一篇有问有答。

　　如有任何流量和液位测量的难题，可通过电话、微信或微信公众号留言联系我们，我们将在"有问有答"专栏回答大家关心的问题。

　　国内排水管网的特点：高水位运行、管网中的沉积物和杂质多、不明来水多、下雨时排口溢流水黑臭、污水处理厂进水浓度低。

　　而大断面的排水管网通常伴随着高沉积的情况，也往往伴随着从低液位到满管流量测量的问题。其特点和难点，具体分析如下。

4.1 排水管网的测量原理

通常用速度－面积法流量计进行排水管网的定量流量测量。速度－面积法流量计需要测量两个基本的参数：平均流速（$v_{平均}$）和过流面积（A）。可以采用以下通用计算公式：

$$Q = v_{平均} \cdot A$$

便携式互相关流量计应用场景详见图 2-1-5。

因此，需要精确测量平均流速（$v_{平均}$）和过流面积（A）。

4.1.1 液位（h）的精确测量

通过连续测量渠道、管道或箱涵的充满度来确认过流的横截面面积（A）。液位变化会导致过流横截面面积的变化，因此精确的流量测量需要在所有水力条件下进行精确可靠的液位测量。排水管网中含有较多的杂质，需要考虑多重冗余的液位测量解决方案，确保在非满管等复杂情况下液位的精确测量，提供更多的数据判断可能存在的问题。

4.1.2 平均流速的精确测量（$v_{平均}$）

过流断面平均流速的精确测量，是速度－面积法测量的核心技术。根据本书"有问有答：如何选择排水管网流量计"（见 P318），排水管网的高精度流量测量建议选用互相关流量计，但在某些时候，也可以采用雷达流量计。

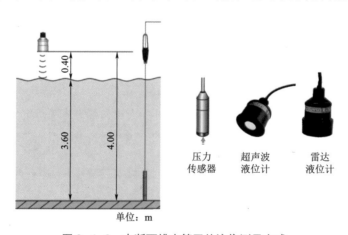

图 3-4-2　大断面排水管网的液位测量方式

4.1.3 互相关流量计

NIVUS 互相关流量计基于超声波互相关原理而非多普勒效应，传感器连续扫描水中多个颗粒或气泡，反射信息存储为图像，基于频率特征的粒子识别，根据脉冲重复频率确定两个脉冲之间的 T_{PRF} 时差（Δt），根据这个时间差和距离间隔得到颗粒或气泡的速度，从而得到这个点的流速。可以把超声波互相关流量计想象为超声波相机：互相关流量计可以记录超声波束内的水平和垂直方向上的多个颗粒或气泡，如同测量"颗粒云"，并在几毫秒内对颗粒或气泡进行相互比较（两张照片的比对）。互相关流量计的优点：测量实际流速而不是拟合值，无须对流量计进行校准，无须数据二次处理（数据清洗），在复杂条件下具有极高的测量精度（详见图 2-1-4）。

4.1.4 雷达流量计

雷达流量计发射连续雷达波信号，信号由水体表面的波浪反射，水体表面的波的速度会影响反射波的频率变化。根据多普勒原理，可以计算出水体表面波的移动速度；而波浪的移动速度，即表面的流速。根据预设的数学模型和表面流速计算出过流断面的平均流速。

雷达流量计测量的是表面的流速（详见图 2-14-2）。

- 在水深比较深时，断面流速分布偏差比较大，表面的流速和平均流速的误差比较大，相应的流量测量误差大；
- 在水深比较浅时，断面流速分布偏差比较小，表面的流速和平均流速的误差比较小，相应的流量测量误差小。

4.2 大断面高沉积物排水管网的特点

大断面高沉积物排水管网的特点如下：

- 底部容易沉积污泥。沉积污泥高度的变化，会影响到过流断面的有效高度。
- 污泥界面高度的变化，会导致过流断面流场分布图的变化。
- 互相关流量计是实际测量 $16 \times N$ 个点的流速；这种污泥界面高度变化导致的过流断面的流场分布图的变化，不会影响互相关流量计的流速测量精度。

◆ 沉积污泥高度的变化，会影响过流面积；对互相关流量计的流量测量精度均会产生影响。

◆ 在安装排水管网流量计时，需要将传感器安装在污泥界面上，防止传感器被污泥覆盖。

◆ 液位波动大，通常会有极低液位至满管的情况；在低液位时，常常会出现液位低于传感器测量盲区的情况。

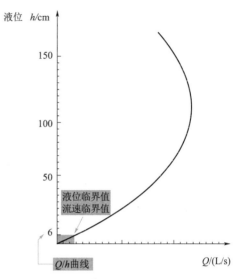

图 3-4-3　传感器的测量盲区示意

因此，在实际使用中要考虑传感器的测量盲区和污泥沉积高度两种因素对测量精度的影响。

4.2.1　传感器的测量盲区

安装在管道和渠道内的流速传感器有测量盲区，即 h-crit。

互相关流量计的型号不同，对应的 h-crit 不同，信号穿透深度和适用尺寸不同。具体见表 3-4-1。

表 3-4-1　不同互相关传感器的信号穿透深度和测量盲区

编　号	传感器型号	h-crit/cm	信号穿透深度 /m
1	CS2 或 CSP	8.00	＜ 5.00
2	POA	4.50	＜ 2.00
3	CSM	3.00	＜ 0.80

4.2.2　污泥沉积高度

排水管网的底部或多或少有污泥沉积，可以通过传感器的偏心安装防止损坏或沉淀。

4.3 互相关流量计与雷达流量计的结合

考虑到传感器的测量盲区和污泥沉积高度导致的传感器偏心安装这两个问题，在实际测量中需要解决低于传感器盲区的流速测量问题。

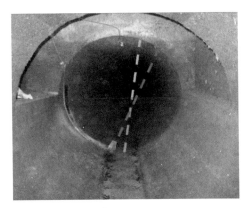

图 3-4-4　偏心安装传感器示意

对于 NIVUS，可以采用互相关流量计与雷达流量计的组合测量，即在同一测量系统中结合两种流量测量，使用同一个变送器（RTU）。

- ◆ 液位高于互相关流量计测量盲区时，互相关流量计进行正常测量，此时可以测量断面的 16 层流速，测量精度很高。

- ◆ 当液位低于互相关传感器的测量盲区时，因互相关流量计无法工作，自动切换为雷达流量计。如前所述，在水深比较浅时，断面流速分布偏差比较小，表面的流速和平均流速的误差比较小，雷达测量的表面流量测量误差比较小。因此，当液位低于互相关传感器的测量盲区时，也能获得比较高的流量测量精度。

这样，就解决了从污泥界面上的极低液位至满管的高精度流量测量问题。

这种测量方法不受以下因素的干扰和影响：

- ◆ 水面波动；

- ◆ 恶劣天气；

- ◆ 底部沉积；

◆ 流量波动；

◆ 液位波动。

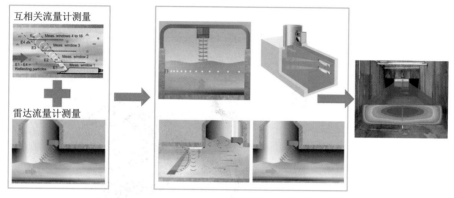

图 3-4-5　互相关流量计与雷达流量计组合测量

4.4　混合法流量计的设备参数

4.4.1　变送器（RTU）

混合法流量计的变送器，为固定安装 NF7550。

◆ 用于接入雷达流速传感器和互相关流量计，即混合法测量；

◆ NF7550 变送器，可以接多达 3 个雷达流速传感器和 / 或互相关流量计，以及 1 个超声波液位计，用于 1 个测量点的测量；

◆ 100 ～ 220 V AC 或 9 ～ 36 V DC 供电。

表 3-4-2　NF7550 变送器的性能参数

编　号	项　目	参　　数
1	电源	100 ～ 240 V AC, +10 ％ /-15 ％, 47 ～ 63 Hz 或 9 ～ 36 V DC
2	能耗	通常 14 V · A
3	外壳	铝，塑料（变送器外壳） 塑料（现场保护罩）
4	保护	IP 20，安装现场保护罩后 IP 68
5	操作温度	−20 ～ 70℃

续表

编　号	项　目	参　数
6	最大相对湿度	80%，非冷凝
7	显示	像素：240×320，颜色：65536
8	操作	选择按钮，2个功能键，菜单有英语、法语、中文等语言
9	连接	插入式
10	输入	最大7×4～20 mA，最大4×RS 485
11	输出	最大4×0/4～20 mA，最大5×继电器（SPDT）
12	数据存储	2.0 GB内存，通过USB记忆棒灵活扩展，在面板上读出
13	通信	Modbus，HART

4.4.2　雷达流速传感器

NIVUS的OFR雷达流速传感器的性能参数如下：

表3-4-3　OFR雷达流速传感器的性能参数

编　号	项　目	参　数
1	测量原理	雷达 – 多普勒流速
2	流速测量范围	–10～10 m/s
3	频率范围	24 GHz～ISM频段
4	测量距离	0.3～10 m
5	表面流速测量误差	测量值的 ±0.5%，±0.01 m/s
6	防护等级	IP68
7	工作温度	–20～50℃
8	存储温度	–30～70℃
9	外壳材质	高性能复合材料
10	通信接口	RS485，用于连接NF7550变送器

4.4.3　互相关传感器

表 3-4-4　互相关传感器的性能参数

编 号	项 目	要 求
1	测量原理	流速测量原理：速度 - 面积流量测定法，带 16 层流速扫描的实际流速剖面测量的超声波交叉相关原理
2	功能	同步测量瞬时流速、瞬时流量、累积流量
3	传感器形式	插入式传感器
4	流速测量范围	−1.0 ～ 6.0 m/s
5	液位测量范围	0% ～ 100% 满管
6	流速的测量误差	流速＜ 1 m/s 时，测量值的 ±0.5%+5 mm/s；流速＞ 1 m/s 时，测量值的 ±1%
7	液位的测量误差	测量值的 ±0.5%
8	防护等级	传感器：IP68

4.5　混合法流量计的优点

- 采用互相关和雷达两种冗余的流量测量；
- 非接触式雷达表面速度测量；
- 侧向安装的互相关速度分布传感器；
- 两种独立的流量测量技术可提高精度和可靠性；
- 所有传感器都在沉积区域之上；
- 无须维护；
- 可靠的测量，不受波浪、风暴条件以及低流量等环境的影响。

4.6　混合法流量计的安装方式

NIVUS 提供全套的组合支架和模块，用于多种安装场合。

图 3-4-6　互相关流量计与雷达流量计组合测量的设备组成

4.7　现场使用照片

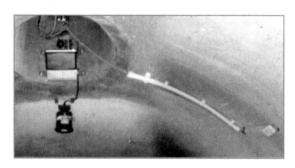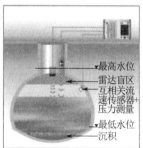

图 3-4-7　互相关流量计与雷达流量计组合测量现场

5 排水管网提升泵站的流量测量方法和设备选择

图 3-5-1 轴流泵出口的现场

　　排水管网和水体的流量和液位测量是水质测量行业的"痛点"、技术难点和关注热点。在与同行的线下沟通中，我们发现业界人员普遍对流量和液位的测量存在某些误区。为了系统地介绍排水管网及水体的流量和液位测量，NIVUS 的微信公众号每周将分别分享一篇典型案例、一篇技术分析、一篇产品简介、一篇拓展应用和一篇有问有答。

　　如有任何流量和液位测量的难题，可通过电话、微信或微信公众号留言联系我们，我们将在"有问有答"专栏回答大家关心的问题。

厂站网河一体化项目的深化和排水管网管理的细化，对提升泵站的流量测量提出更高的要求。

泵站流量测量的设备，包括电磁流量计、超声波互相关流量计和超声波多普勒流量计；不同的流量计适用不同的应用场景。

5.1 排水管网提升泵站的测量点选择

排水管网的流量测量点，可以选择泵站入口、提升泵出口管道和泵站出口 3 个点。

图 3-5-2 排水管网提升泵站不同测量点的测量方式

上述 3 个测量点的分析见表 3-5-1。测量点 1 和测量点 2，通常适合流量测量；测量点 3，通常不适合流量测量。

表 3-5-1 排水管网提升泵站不同测量点

编 号	测量点	测量位置	特 点	备 注
1	测量点 1	泵站外管网	非满管 / 满管，平直段的距离长	最佳测量点
2	测量点 2	提升泵出口管	满管 + 微压，扰动大，平直段的距离短	其次测量点
3	测量点 3	泵站出口箱涵	满管 + 微压，平直段通常距离 10 ~ 20 m	渠道通常渐扩，不适合流量测量

5.2 测量方法的选择

对于不同的测量点，可以选择不同的测量方式，参见表 3-5-2。

表 3-5-2　不同测量位置的不同测量方式

编号	测量位置	测量方法	液位测量范围	尺寸范围	测量精度
1	泵站外管网	超声波多普勒	满管/非满管	考虑到信号穿透深度问题，建议测量＜DN 1000的管道或长×宽＜1 000 mm×1 000 mm的箱涵	小尺寸管道和箱涵的流量测量误差在15%左右；随着尺寸的增加，会加大流量测量误差
2		超声波互相关	满管/非满管	可以测量各种大型管道和箱涵	满足前后平直段长度情况下，流量测量误差＜3%
3	提升泵出口管	电磁流量计	满管	通常测量＜DN 2000的管道	高流速下，流量测量误差控制在千分之几；流速降低后测量误差会大幅度增加
4		超声波多普勒	满管/非满管	考虑到信号穿透深度问题，建议测量＜DN 1000的管道或长×宽＜1 000 mm×1 000 mm的箱涵	小尺寸管道和箱涵的流量测量误差在15%左右；随着尺寸的增加，会加大流量测量误差
5		超声波互相关	满管/非满管	可以测量各种大型管道和箱涵	满足前后平直段长度情况下，流量测量误差＜3%
6	泵站出口外箱涵	超声波互相关	满管/非满管	可以测量各种大型管道和箱涵	满足前后平直段长度情况下，流量测量误差＜3%
7		超声波多普勒	满管/非满管	考虑到信号穿透深度问题，建议测量＜DN 1000的管道或长×宽＜1 000 mm×1 000 mm的箱涵	小尺寸管道和箱涵的流量测量误差在15%左右；随着尺寸的增加，会加大流量测量误差

根据"有问有答：如何选择排水管网流量计"（P318）一文可知：

- 在满管情况下，可以选择电磁流量计对提升泵出口管进行流量测量；
- 在小尺寸和低测量精度要求下，泵站外管网、提升泵出口管和泵站出口外箱涵可以选择超声波多普勒流量计进行流量测量；
- 在大尺寸和高测量精度要求下，泵站外管网、提升泵出口管和泵站出口外箱涵可以选择超声波互相关流量计进行流量测量。

5.3 泵站外管网的流量测量

根据上述分析，在小尺寸和低测量精度要求下，可以选择超声波多普勒流量计进行流量测量；在大尺寸和高测量精度要求下，可以选择超声波互相关流量计进行流量测量。

以 DN 2000 的泵站进水处管网为例：

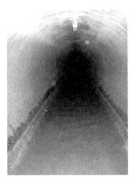

图 3-5-3　泵站外管网流量计实景

- 设备：NF750+2 组 CS2 互相关传感器；
- 超声波互相关流量计对称布置。

图 3-5-4 为采用超声波互相关 NF750 变送器的固定安装。

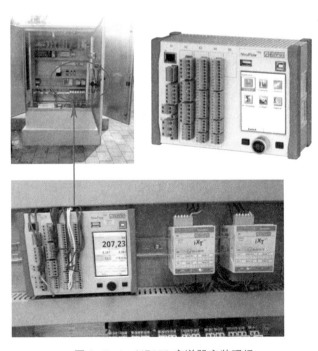

图 3-5-4　NF750 变送器安装现场

5.4 提升泵出口管的流量测量

5.4.1 满管且满足安装距离要求

在采用离心泵的提升泵站，如果出水管为满管且满足电磁流量计的安装条件，可以选择电磁流量计。

电磁流量计使用法拉第电磁定律（1832）来确定管道中的液体流量。在电磁流量计中，会产生磁场并渗透到流经管道的液体中。遵循法拉第电磁定律，导电液体流过磁场会导致电压信号被位于流量管壁上的电极收集。当流体运动得更快时，会产生更大的电压。生成的电压与速度和流量（Q）成正比。

优点：

- 用于污水和清水；
- 无阻碍；
- 高精度测量。

缺点：

- 只适合电导率 > 5 μS/m 的液体；
- 系统运行中无法安装；
- 设备重；
- 安装费用高；
- 存在最小测量流速，低于此流速时测量误差大；
- 通常仅用于满管。

5.4.2 满管且不满足安装距离要求

在采用离心泵的提升泵站，如果出水管为满管或非满管，且不满足电磁流量计的安装条件时，可以考虑用多个杆式超声波互相关流量计插入式安装。

如图 3-5-5 所示，DN 1200 满管，可以用一组 CS2 杆式互相关流量计插入式安装。

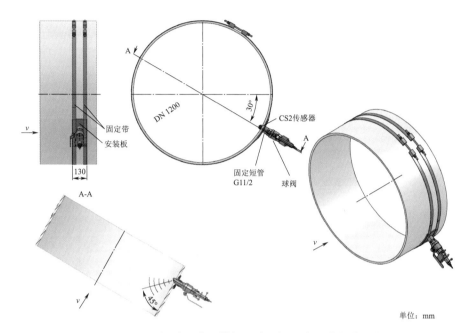

图 3-5-5 提升泵出口管插入式互相关流量计安装示意

5.4.3 满管且管道内有电缆和钢索

采用轴流泵的提升泵站，通常在管道中有电缆和钢索，这些电缆和钢索会扰动水流，电磁流量计无法正常工作。

在此情况下，可以选择杆式超声波互相关流量计，插入式安装：

◆ 设备为 NF750 变送器 + 两组 CS2 插入式互相关传感器；

◆ 在水泵出口转弯处，向下 1×DN 的位置安装杆式传感器；

◆ 可以设置杆式互相关传感器的信号穿透深度，改变中间区域的范围，规避中间扰动的影响。

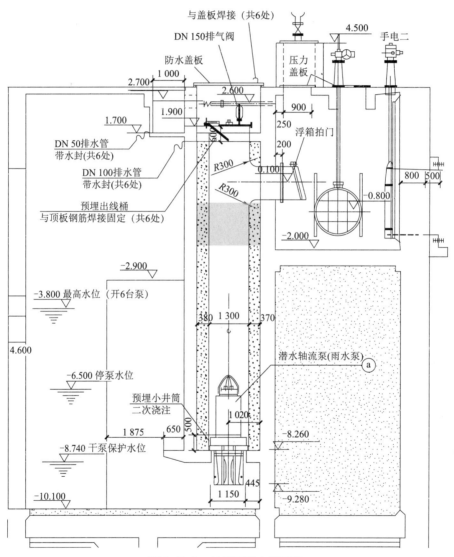

与盖板焊接（共6处）

DN 150排气阀

防水盖板

2.700   1 000

2.600

2.600

1.900

1.700

DN 50排水管
带水封(共6处)

DN 100排水管
带水封(共6处)

预埋出线桶
与顶板钢筋焊接固定（共6处）

压力
盖板

4.500

手电二

900

250

200

浮箱拍门

0.100

R300

R300

0.800

800   500

-2.000

-2.900

-3.800 最高水位（开6台泵）

4.600

380   1 300   370

潜水轴流泵(雨水泵)   ⓐ

-6.500 停泵水位

预埋小井筒
二次浇注

500

1 020

-8.260

1 875   650

-8.740 干泵保护水位

1 150   445

-9.280

-10.100

图 3-5-6   轴流泵出水管示意

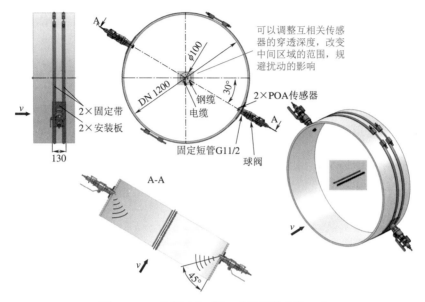

图 3-5-7 两组 CS2 插入式互相关安装示意

5.5 泵站出口外箱涵

泵站出口外箱涵，满管 + 微压，平直段通常距离 10 ~ 20 m：

◆ 如果为渐扩箱涵，则不适合进行流量测量；

◆ 如果拟安装点的平直段长度不满足 10×DN（管径，对于管道）和 10×B（最高液位，对于箱涵），则不适用超声波多普勒流量计；是否适合超声波互相关流量计，则需要结合实际案例进行具体分析。

5.6 小结

◆ 排水管网的流量测量点，可以选择泵站入口、提升泵出口管道和泵站出口 3 个点；

◆ 可以根据拟测量点的情况和测量精度要求，选择电磁流量计、超声波互相关流量计或超声波多普勒流量计；

◆ 采用轴流泵的提升泵站，通常在管道中有电缆和钢索，这些电缆和钢索会扰动水流，电磁流量计无法正常工作。这时，可以采用杆式超声波互相关流量计，插入式安装，设置杆式互相关传感器的信号穿透深度，改变中间区域的范围，规避中间扰动的影响。

大断面、高沉积且无法中断水流的渠道流量测量设备选择和安装方法 6

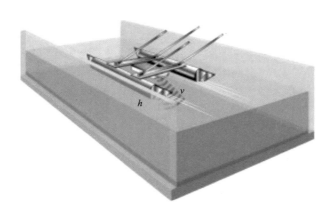

图 3-6-1　浮船安装互相关流量计的示意

> 排水管网和水体的流量和液位测量是水质测量行业的"痛点"、技术难点和关注热点。在与同行的线下沟通中，我们发现业界人员普遍对流量和液位的测量存在某些误区。为了系统地介绍排水管网及水体的流量和液位测量，NIVUS 的微信公众号每周将分别分享一篇典型案例、一篇技术分析、一篇产品简介、一篇拓展应用和一篇有问有答。
>
> 如有任何流量和液位测量的难题，可通过电话、微信或微信公众号留言联系我们，我们将在"有问有答"专栏回答大家关心的问题。

厂站网河一体化项目的深化和排水管网管理的细化，对排水渠道的流量测量提出更高的要求。

排水渠道的底部，常常有沉积。流量测量中，需要考虑如何规避沉积物对流量测量精度的影响。

本文介绍在大断面、高沉积且无法中断水流的渠道的流量测量设备和安装方法。

6.1 测量方法的选择

渠道的高精度流量测量，可以选择互相关流量计。

◆ 在底部无沉积时，可以选择底部安装的互相关流量计；

◆ 当底部有污泥沉积时，无法采用底部安装的互相关流量计，可以考虑顶部向下安装的互相关流量计。

图 3-6-2　渠道底部安装流量计的现场

6.2 渠道底部有沉积时的解决方案

◆ 使用 NF750 互相关流量计；

◆ 不是将传感器安装在渠道的底部；而是采用双体船安装系统，并将传感器向下安装，进行流量测量；

◆ 利用水面顶部向下安装的互相关传感器中的水中超声波，可以直接测量稳定的底部污泥高度；

◆ 变送器计算过流断面面积时，自动扣除底部污泥的高度，提高过流断面的面积测量精度和流量测量精度。

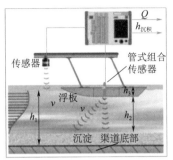

图 3-6-3　渠道顶部安装浮船的现场及原理

6.3　安装附件

采用双体船安装系统，提高测量系统的稳定性。

图 3-6-4　渠道顶部安装浮船的现场

6.4　安装参数的设置

除了需要设定渠道形状和尺寸之外，NIVUS 变送器内已内置双体船安装系统的安装参数，可以在操作界面上选择"Float"（浮板），即可直接使用双体船安装系统，无须其他安装位置的设置。

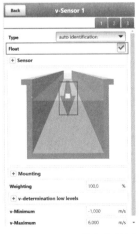

图 3-6-5　渠道内安装浮船的参数设置示意

201

6.5　实际案例

在实际工作中，我们遇到的客户需求如下：

◆ 4 000 mm×4 000 mm 的渠道，底部有污泥沉积，污泥高度变化；

◆ 需要在渠道无法中断水流的情况下更换现有的流量测量系统；

◆ 需要在 1 天内完成安装；

◆ 在渠道无法中断水流的情况下更新现有流量计；

◆ 需要考虑有污泥沉积情况下的流量测量；

◆ 尽可能高的流量测量精度。

系统优势：

◆ 无须中断渠道运行；

◆ 可在 1 天内安装完成整个测量系统；

◆ 流量传感器的快速安装和取出；

◆ 日常运维无须到水下；

◆ 连续测量进水水量，考虑沉淀物界面波动对过流面积的影响，确保测量误差不超过 5%。

影响排水管网过流断面流速分布的因素

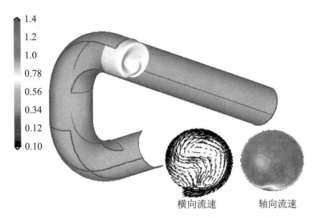

横向流速　　　　轴向流速

图 3-7-1　管道内不同位置的流场变化示意

　　排水管网和水体的流量和液位测量是水质测量行业的"痛点"、技术难点和关注热点。在与同行的线下沟通中，我们发现业界人员普遍对流量和液位的测量存在某些误区。为了系统地介绍排水管网及水体的流量和液位测量，NIVUS 的微信公众号每周将分别分享一篇典型案例、一篇技术分析、一篇产品简介、一篇拓展应用和一篇有问有答。

　　如有任何流量和液位测量的难题，可通过电话、微信或微信公众号留言联系我们，我们将在"有问有答"专栏回答大家关心的问题。

　　排水管网的断面流速分布，是速度 - 面积法流量计测量的核心；而断面流速分布的变化，直接影响速度 - 面积法流量计的测量精度。

　　断面流速分布受到雷诺数、管壁粗糙度、流速、液位和前后平直段长度的影响。

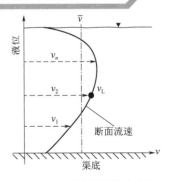

图 3-7-2　管道内流速分布

7.1 雷诺数的影响和选择

奥斯本·雷诺兹（Osborne Reynolds），物理学家及流体动力学的开拓者。

雷诺数（Re）是重要的无量纲量，可帮助预测不同流体流动情况下的流动模式。在低雷诺数下，流动倾向于以层流（片状）为主，而在高雷诺数下，湍流是由流体速度和方向的差异引起的。

不同雷诺数的流速分布图不同，见图3-7-4。

我们建议选择层流和过渡流作为测量点的流速，也就是说雷诺数不要超过 5 000。

图3-7-3　奥斯本·雷诺兹

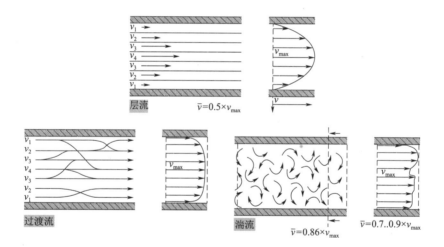

图3-7-4　不同雷诺数的流速分布

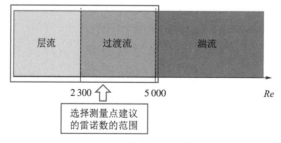

图3-7-5　建议的雷诺数范围

7.2 管道内壁粗糙度和流速对断面流速的影响

在管壁无粗糙度情况下，不同情况下的流速分布图如图 3-7-6 所示。

当管壁有正常粗糙度情况下，不同情况下的流速分布图产生变化，如图 3-7-7 所示。

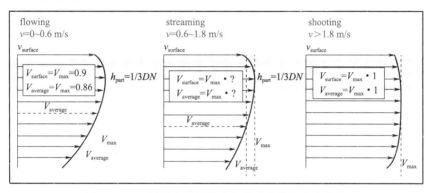

图 3-7-6　理想（无粗糙度）管道的流速分布曲线

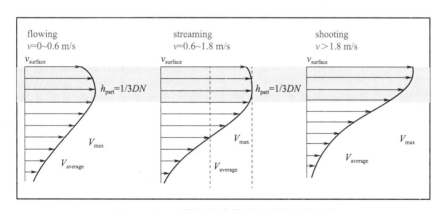

图 3-7-7　正常粗糙度管道的流速分布曲线

7.3 管道内壁粗糙度和流速对断面流速的影响

在各种液位上具有"正常"粗糙度且速度不断提高的管道的流量分布形状（横截面）如图 3-7-8 所示。

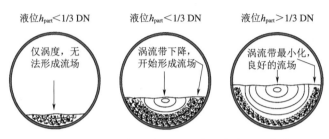

图 3-7-8 正常粗糙度不同液位的流速分布曲线

流动轮廓整形（横截面）相同，液位取决于管道的粗糙度，液位（h_{part}）< 1/3 DN。

图 3-7-9 相同液位和不同粗糙度的流速分布曲线

7.4 平直段长度对断面流速的影响

根据 numerical simulations（Laurent Solliec, 2013），测量点前平直段长度与流速分布图的关系，见图 3-7-10～图 3-7-12。

7.4.1 平直段长度为 5×DN

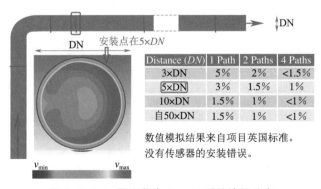

Distance (DN)	1 Path	2 Paths	4 Paths
3×DN	5%	2%	<1.5%
5×DN	3%	1.5%	1%
10×DN	1.5%	1%	<1%
自50×DN	1.5%	1%	<1%

数值模拟结果来自项目英国标准。
没有传感器的安装错误。

图 3-7-10 平直段为 5×DN 时的流场分布

7.4.2　平直段长度为 10×DN

测量点前平直段长度与流速分布图的关系，汇总如图 3-7-12 所示。

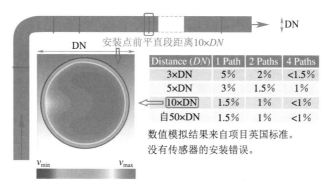

Distance (*DN*)	1 Path	2 Paths	4 Paths
3×DN	5%	2%	<1.5%
5×DN	3%	1.5%	1%
10×DN	1.5%	1%	<1%
自50×DN	1.5%	1%	<1%

图 3-7-11　平直段为 10×DN 时流场分布

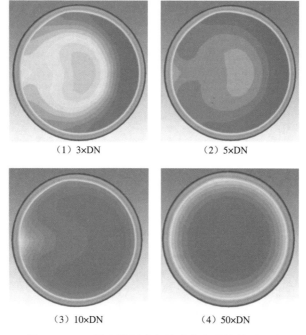

（1）3×DN　　　　　　　　（2）5×DN

（3）10×DN　　　　　　　　（4）50×DN

图 3-7-12　平直段长度与流速分布图的关系汇总

需要注意的是，这种水流的扰动，受流速、水中悬浮物等影响，扰动的情况会变化。通常整个流速发生扰动时，容易扰动点的波动会更大些。

7.5　总结

根据上面的分析，排水管网流速分布受如下因素的影响：

- 雷诺数；
- 管壁粗糙度；
- 流速；
- 液位；
- 前后平直段长度；
- 测量精度要求；
- 几何形状（外形、尺寸）；
- 当前水位和高水位；
- 预计当前流速；
- 流动模式（湍流／对称）。

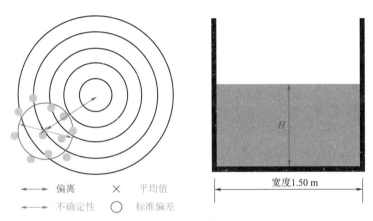

←→ 偏离	× 平均值
←→ 不确定性	○ 标准偏差

图 3-8-1　流量测量误差的示意

　　排水管网和水体的流量和液位测量是水质测量行业的"痛点"、技术难点和关注热点。在与同行的线下沟通中，我们发现业界人员普遍对流量和液位的测量存在某些误区。为了系统地介绍排水管网及水体的流量和液位测量，NIVUS 的微信公众号每周将分别分享一篇典型案例、一篇技术分析、一篇产品简介、一篇拓展应用和一篇有问有答。

　　如有任何流量和液位测量的难题，可通过电话、微信或微信公众号留言联系我们，我们将在"有问有答"专栏回答大家关心的问题。

8.1　测量误差的种类

当了解流量测量设备的测量精度时，您是否会被如下的专有名称搞糊涂？

◆ 随机／系统不确定性；

◆ 误差范围；

◆ 随机 / 系统误差；

◆ 不准确；

◆ 准确性；

◆ 在操作条件下允许的最大误差；

◆ 误差极限；

◆ 偏差。

其相互关系见图 3-8-2。

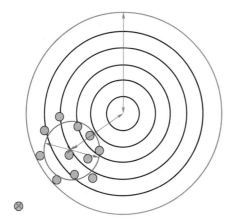

←→	偏离(系统/随机)
←→	不确定性 (系统/随机)
×	平均值
○	标准偏差
×	离群值
←→	错误范围/宽容度

资料来源：根据wikiwand.com/de/Richtigkeit和 DIN EN ISO (2011) 772整理得出。

图 3-8-2　流量测量误差的种类

8.2　测量误差的来源

测量误差的来源如下：

◆ 不同的测量原理导致的系统误差；

◆ 流速传感器的测量偏差；

◆ 液位传感器的测量偏差；

◆ 安装偏差，包括安装位置、传感器是否正对水流等。

8.3　测量误差的计算

以矩形渠道的流量测量为例：

8.3.1 流量测量公式

$$Q = A_{过流断面} \times v_{平均}$$
$$= 宽度 \times 水位高度 \times v_{平均}$$
$$= W \times H \times v$$

8.3.2 假定条件

假设：

◆ 不确定宽度，测量值可以忽略不计；

◆ 安装偏差，包括安装位置、传感器是否正对水流，可以忽略不计；

◆ 不确定时间，测量值可以忽略不计。

标称条件下的测量不确定度：

◆ 水位测量（DSM传感器）：±5 mm；

◆ 流速测量（CSM/CSP传感器）：$v > 1 \text{ m/s}$ 时，为 $\pm 1\%$；$v \leqslant 1 \text{ m/s}$ 时，为 $\pm 0.5\%$。

8.3.3 测量误差的计算公式

$$R = A \cdot B \cdot C$$

$$\frac{S_R}{R} = \sqrt{\left(\frac{S_A}{A}\right)^2 + \left(\frac{S_B}{B}\right)^2 + \left(\frac{S_C}{C}\right)^2}$$

测量误差的计算：

◆ R：结果；

◆ S_R：结果的绝对不确定性；

◆ A、B、C：不相关的测量；

◆ S_A、S_B、S_C：测量的独立绝对不确定性；

◆ 当系统误差大时，其他误差的影响相对比较小。

8.3.4 计算举例

当流速为 1 m/s 和液位 1 m 时，

$$\frac{S_Q}{Q} = \sqrt{\left(\frac{0}{1.5\text{m}}\right)^2 + \left(\frac{0.005\text{m}}{1\text{m}}\right)^2 + \left(\frac{0.5\% \cdot 1\text{m/s}}{1\text{m/s}}\right)^2}$$
$$\approx 0.71\%$$

$$Q = 1.5 \text{ m}^3/\text{s}$$
$$S_Q = 0.0106 \text{ m}^3/\text{s} = 10.6 \text{ L/s}$$

8.4 总结

- ◆ 不同的测量原理导致的系统误差，是主要误差来源；
- ◆ 实际边界条件的不确定性增加了测量误差的不确定性；
- ◆ 如果要求测量误差小，需要选择系统误差比较小的测量产品。

8.5 致谢

本文的撰写，参考了如下文献，特此致谢！

［1］ JCGM, 2008. Evaluation of measurementdata— Guide to the expression of uncertainty in measurement. Working Group 1of the Joint Committee for Guides in Metrology (JCGM/WG 1).

［2］ Sriwastava, A. K., Tait, S., Schellart, A., et al., 2017. Quantifying Uncertainty in Simulation of Sewer Overflow Volume. Journal of Environmental Engineering (USA), 144(7).

图 3-9-1　大跨度高沉积渠道流量测量系统的现场

　　排水管网和水体的流量和液位测量是水质测量行业的"痛点"、技术难点和关注热点。在与同行的线下沟通中，我们发现业界人员普遍对流量和液位的测量存在某些误区。为了系统地介绍排水管网及水体的流量和液位测量，NIVUS 的微信公众号每周将分别分享一篇典型案例、一篇技术分析、一篇产品简介、一篇拓展应用和一篇有问有答。

　　如有任何流量和液位测量的难题，可通过电话、微信或微信公众号留言联系我们，我们将在"有问有答"专栏回答大家关心的问题。

　　在某些应用场合，比如黄河流域的引水工程，常会遇到底部淤泥高度不断变化从而影响过流断面面积的测量精度的情况。而常规的污泥界面仪，很难用于一定流速的渠道的污泥界面测量。这会导致流量测量误差增大，无法满足设计和使用要求。

NIVUS 提供了一种解决思路：将超声波互相关和超声波时差法相结合，在正常流速下同步测量流速和污泥界面高度，以便获得高精度的流量测量数据。

9.1 流量测量原理

本组合测量的原理为速度 − 面积法流量计。测量流量（Q）需要测量两个因素：平均流速（$v_{平均}$）和过流面积（A）。采用以下通用计算公式：

$$Q = v_{平均} \cdot A$$

9.2 测速原理

本组合测量采用超声波互相关和超声波时差法的结合，以超声波时差法的流速测量为主，超声波互相关的流速测量为辅。

9.2.1 时差法的流速（v_1）测量

超声波时差法流量计采用声学时差法流速仪测量流速。其原理是在与流动方向成一定的夹角（通常为 45°）处安装一组（两个）流速传感器，两个流速传感器互相发射和接收超声波。检测两个传感器（A 和 B）之间超声波信号的传播时间。顺着流动方向的传播时间（t_1）比逆着流动方向的传播时间（t_2）更短。两者的时间差与沿测量路径的平均速度（v_m）成正比。

通过声学时差法流速仪测得顺流、逆流方向的超声波传输时间差，并代入下面的公式，得出这两个传感器之间连线的平均流速。

$$v_m = \frac{t_2 - t_1}{t_2 \cdot t_1} \cdot \left(\frac{L}{2 \cos \alpha} \right)$$

式中，L——声波传播路径的长度；

t_1——A 到 B 的传播时间；

t_2——B 到 A 的传播时间。

NIVUS 互相关流量计的测量流速的方法基于超声波反射原理。

NIVUS 互相关流量计基于超声波互相关原理而非多普勒效应，传感器连续扫描水中多个颗粒或气泡，反射信息存储为图像，基于频率特征的粒子识别，根据脉冲重复频率确定两个脉冲之间的 T_{PRF} 时差（Δt），根据这个时差和距离间隔得到颗粒或气泡的速度，从而得到这个点的流速。可以把超声波互相关流量计想象为超声波相机：互相关流量计可以记录超声波束内的水平和垂直方向多个颗粒或气泡，如同测量"颗粒云"，并在几毫秒内对颗粒或气泡进行相互比较（两张照片的比对）。互相关流量计的优点：测量实际流速而不是拟合值，无须对流量计进行校准，无须数据二次处理（数据清洗），在复杂条件下具有极高的测量精度；缺点是价格高（详见图 2-1-4）。

NIVUS 互相关流量计基于最新的水力模型，COSP 系统计算了一个密集的测量网络，从单个测量点位出发得到整个流体横截面。具有如下特点：

- 经过科学流量测量的、渠道专用的实时流体数学模型；
- 靠近壁面和水平速度分布的流速计算；
- 速度积分覆盖整个断面，最多测量 16 层流速；
- 水力扰动下渠道平均流速的理想研究方法；
- 具有最高的测量精度和稳定的读数；
- 无须校准；
- 流场的确定和指示。

9.2.2　过流断面的平均流速（v_3）

将超声波互相关和超声波时差法的测量流速，输入 PLC，进行加权平均，获得过流断面的平均流速。

9.3　水位的测量原理

通过连续测量渠道的充满度来确认过流的横截面面积（A）。液位变化会导致过流横截面面积的变化，因此精确的流量测量需要在所有水力条件下进行精确可靠的液位测量。

超声波时差法流量计可以采用超声波液位计或者压力传感器（静压式液位计）进行液位测量（详见图 3-4-2）。

9.4 污泥界面的测量原理

- 可以根据测量精度要求，选择 1～3 组互相关流量计作为污泥界面的测量传感器；
- 不是将互相关流量计安装在渠道的底部，而是采用双体船安装系统，并将传感器向下安装，进行流量测量；
- 水面顶部向下安装的互相关传感器中的水中超声波，可以直接测量稳定的底部污泥高度；
- 该系统可以在流速 ≤1 m/s 的情况下，获得污泥界面高度的稳定数据；
- 变送器计算过流断面面积时，自动扣除底部污泥的高度，提高过流断面的面积测量精度和流量测量精度。

9.5 产品特点

- 可以实时测量流速、污泥界面高度、水位高度和流量；
- 无须中断渠道运行；
- 可在快速完成整个测量系统的安装；
- 流量传感器的快速安装和取出；
- 连续测量进水水量，考虑沉淀物界面波动对过流面积的影响。

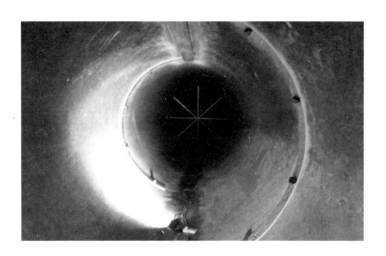

图 3-10-1　清水流量测量系统的现场安装

　　排水管网和水体的流量和液位测量是水质测量行业的"痛点"、技术难点和关注热点。在与同行的线下沟通中，我们发现业界人员普遍对流量和液位的测量存在某些误区。为了系统地介绍排水管网及水体的流量和液位测量，NIVUS 的微信公众号每周将分别分享一篇典型案例、一篇技术分析、一篇产品简介、一篇拓展应用和一篇有问有答。

　　如有任何流量和液位测量的难题，可通过电话、微信或微信公众号留言联系我们，我们将在"有问有答"专栏回答大家关心的问题。

10.1　流量测量原理

　　超声波时差法和超声波互相关的测量原理为速度 – 面积法流量计。测量流量（Q）需要测量两个因素：平均流速（$v_{平均}$）和过流面积（A）（图2-1-3）。

采用以下通用计算公式：

$$Q = v_{平均} \cdot A$$

10.1.1 液位（h）的精确测量

通过连续测量管道的充满度来确认过流的横截面面积（A）。液位变化会导致过流横截面面积的变化，因此精确的流量测量需要在所有水力条件下进行精确可靠的液位测量。初雨中含有较多的杂质，需要考虑多重、冗余的液位测量解决方案，确保在非满管等复杂情况下液位的精确测量，提供更多的数据，判断可能存在的问题。

可以考虑采用外置的超声波液位计或静压式液位计进行冗余液位测量。

10.1.2 流速（v）的精确测量

过流断面平均流速的精确测量，是速度 – 面积法测量的核心技术。为解决上面的问题，我们可以采用：（1）超声波互相关流量计和（2）超声波时差法流量计，进行非满管的清水流速测量。

10.2 测速原理

超声波互相关和超声波时差法的流速测量原理，分别如下：

10.2.1 时差法的流速（v_1）测量

超声波时差法流量计采用声学时差法流速仪测量流速。其原理是在与流动方向成一定的夹角（通常为 45°）处安装一组（两个）流速传感器，两个流速传感器互相发射和接收超声波。检测两个传感器（A 和 B）之间超声波信号的传播时间。顺着流动方向的传播时间（t_1）比逆着流动方向的传播时间（t_2）更短。两者的时间差与沿测量路径的平均速度（v_m）成正比。

通过声学时差法流速仪测得顺流、逆流方向的超声波传输时间差，并代入下面的公式，得出这两个传感器之间连线的平均流速。

$$v_m = \frac{t_2 - t_1}{t_2 \cdot t_1} \cdot \left(\frac{L}{2\cos\alpha} \right)$$

式中，L——声波传播路径的长度；

t_1——A 到 B 的传播时间；

t_2——B 到 A 的传播时间。

10.2.2　互相关的流速测量（v_2）

NIVUS 互相关流量计的测量流速的方法基于超声波反射原理。

NIVUS 互相关流量计基于超声波互相关原理而非多普勒效应，传感器连续扫描水中多个颗粒或气泡，反射信息存储为图像，基于频率特征的粒子识别，根据脉冲重复频率确定两个脉冲之间的 T_{PRF} 时差（Δt），根据这个时差和距离间隔得到颗粒或气泡的速度，从而得到这个点的流速。可以把超声波互相关流量计想象为超声波相机：互相关流量计可以记录超声波束内的水平和垂直方向多个颗粒或气泡，如同测量"颗粒云"，并在几毫秒内对颗粒或气泡进行相互比较（两张照片的比对）。互相关流量计的优点：测量实际流速而不是拟合值，无须对流量计进行校准，无须数据二次处理（即数据清洗），在复杂条件下具有极高的测量精度；缺点是价格高。

NIVUS 互相关流量计基于最新的水力模型，COSP 系统计算了一个密集的测量网络，从单个测量点位出发得到整个流体横截面（见图 2-1-4）。具有如下特点：

◆ 经过科学流量测量的、渠道专用的实时流体数学模型；

◆ 靠近壁面和水平速度分布的流速计算；

◆ 速度积分覆盖整个断面，最多测量 16 层流速；

◆ 水力扰动下渠道平均流速的理想研究方法；

◆ 具有最高的测量精度和稳定的读数；

◆ 无须校准；

◆ 流场的确定和指示。

10.3　测量设备的安装

10.3.1　互相关流量计的传感器安装方式

安装方式具体见图 3-10-2。每套包括 1 组空气超声波传感器和 1 组流速 / 水中超声波 / 静压式液位计组合传感器。

（1）1 组空气超声波传感器安装在排口管道断面中心垂线顶部，垂直向下；用于 0 ~ 6 cm 超低液位的流速、流量和空气温度的测量。

（2）1 组流速 / 水中超声波 / 静压式液位计的组合传感器，安装在断面底部，垂直向上；用于 6 cm ~ 100% 满管的流速、流量和水温测量。

（3）通过两种传感器的组合，实现 0% ~ 100% 满管的流量精确测量。

这种布置方式的优点如下：

◆ 测量精度高（流量测量精度为 1% ~ 3%）；

◆ 数据质量好；

◆ 对测量前后平直段的要求相对较低。

这种布置方式的缺点：传感器固定安装，维护需要断水后进入排口管道内操作。

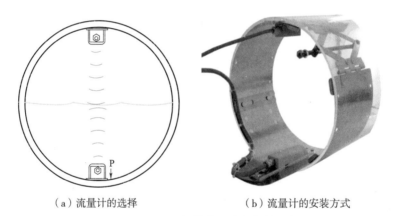

（a）流量计的选择　　　　　（b）流量计的安装方式

图 3-10-2　互相关流量计的安装示意

10.3.2　超声波时差法流量计的传感器安装方式

每套包括多组超声波时差法传感器和 1 组超声波液位计。安装方式具体见图 3-10-3。

（1）多组空气超声波传感器（以 4 组为例），安装在不同高度，分别负责 30%、50%、80% 和 100% 的流量测量；

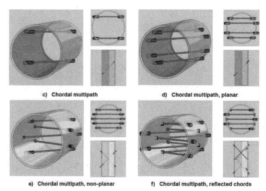

图 3-10-3　超声波时差法传感器安装方式

（2）其中路径 1 保证在最低液位以下；

（3）用于 30% ～ 100% 满管的流速、流量和水温的测量。

10.4 两种测量方式的优缺点

在非满管或满管／非满管的清水流量测量中，超声波互相关流量计或超声波时差法流量计有各自的优点和缺点。总结见表 3-10-1。

可以根据现场的情况和这两种测量方法的优缺点，选择合适的流量计。

表 3-10-1 互相关流量计与时差法流量计的对比

项 目	超声波互相关流量计	超声波时差法流量计
优点	◆ 安装简单； ◆ 无须校准； ◆ 无测量盲区	适合清水和微污染水，即使没有杂质和气泡也可以准确测量
缺点	需要一定的悬浮物或气泡	有测量盲区

11 非满管且平直段长度不足情况下的互相关传感器的组合流量测量和传感器布置方式

图 3-11-1　渠道内安装的多组传感器现场

排水管网和水体的流量和液位测量是水质测量行业的"痛点"、技术难点和关注热点。在与同行的线下沟通中，我们发现业界人员普遍对流量和液位的测量存在某些误区。为了系统地介绍排水管网及水体的流量和液位测量，NIVUS 的微信公众号每周将分别分享一篇典型案例、一篇技术分析、一篇产品简介、一篇拓展应用和一篇有问有答。

如有任何流量和液位测量的难题，可通过电话、微信或微信公众号留言联系我们，我们将在"有问有答"专栏回答大家关心的问题。

通常，在测量非满管流量时，我们要求拟定测量点前的平直段长度满足至少 10×DN 的要求，越长越好。而在实际使用中，有时会发现拟定测量点前的平直段长度不能满足 10×DN 的要求。

NIVUS 提供了一种解决思路：将多组互相关传感器进行组合，以便降低平直段距离不足而导致的测量误差。

11.1 平直段长度对过流断面流场的影响

见文章《影响排水管网过流断面流速分布的因素》（P203），根据 numerical simulations（Laurent Solliec, 2013），测量点前平直段长度与流速分布图的关系，见图 3-7-10～图 3-7-12。

需要注意的事项如下：

◆ 这种水流的扰动，受流速、水中悬浮物等影响，扰动的情况会变化。通常整个流速发生扰动了，容易扰动点的波动更大些；

◆ 以上为满管状态下的情况分析，非满管情况的扰动更严重。

11.2 平直段长度、传感器的数量和流量测量误差的关系

根据 numerical simulations（Laurent Solliec, 2013），拟定测量点前的平直段距离、传感器的数量和流量测量误差关系见表 3-11-1。

表 3-11-1　平直段长度、传感器数量和流量测量误差的关系

拟定测量点前的平直段距离	流量测量误差 /%		
	1 Path（1 组传感器）	2 Paths（2 组传感器）	4 Paths（1 组传感器）
$3 \times DN$	5	2	< 1.5
$5 \times DN$	3	1.5	1
$10 \times DN$	1.50	1	< 1
$50 \times DN$	1.50	1	< 1

也就是说，当拟定测量点前面的平直段长度不能满足 $10 \times DN$ 的要求时，可以增加互相关传感器的数量，由多组互相关传感器来弥补平直段长度不能满足的问题，提高测量精度。

请注意:

◆ 以上的数据未考虑布置方式会导致测量误差;

◆ 以上为满管情况下的数据,非满管情况下的测量误差会加大;

◆ 最终的测量精度需要根据现场的情况评估。

通常在非满管情况下,即使拟定测量点前面的平直段距离不够,在采用多组超声波互相关传感器的组合之后的流量测量误差也可以控制在 ±5% 以内,甚至达到< ±3%。

11.3 多组互相关传感器的测量模式

11.3.1 多组互相关传感器的实际测量过程

多组传感器组合后,实际测量过程如图 3-11-2 所示:

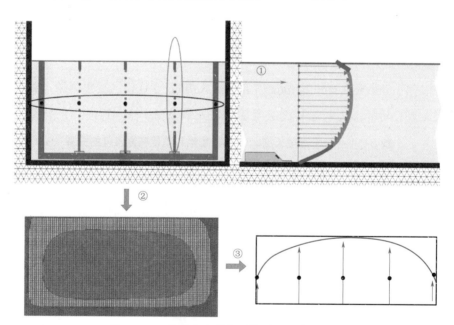

图 3-11-2 管道内安装楔形传感器的布置方式

◆ 沿测量路径观察流速的过流断面;

◆ 包括传感器盲区和顶部扰动段的测量;

◆ 靠近壁面的评估边界层(对数定律);

◆ 水平流速剖面的计算；

◆ 整个流动截面的积分。

可以看出，互相关流量计实际测量的是过流断面的中间部分（实际测量此区间的 16 层流速），靠近传感器的盲区和顶部的扰动段采用数学模型的拟合获得流速。

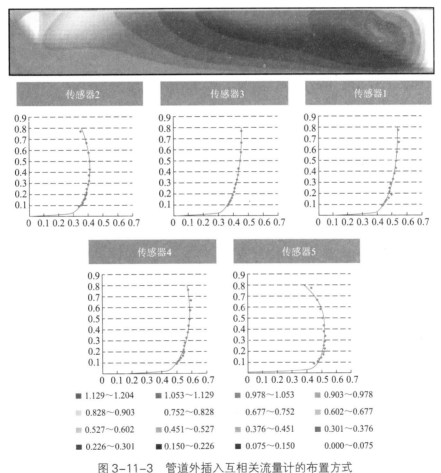

图 3-11-3　管道外插入互相关流量计的布置方式

11.3.2　多组互相关传感器的自动组合

基于 COSP（Correlation Singularity Profile）的多个传感器组合测量系统，可以自动叠加多组传感器，获得这个过流断面的动态流场分布图，以及高精度的流速测量数据。

上图中，不同颜色代表不同的流速。

11.4　多组互相关传感器的布置方式

NF750 最多可以接 9 组流速传感器，NFM750 最多可以接 3 组流速传感器。根据布置位置，选择不同的布置方式。以下供参考。

11.4.1　管道内楔形互相关传感器的布置

图 3-11-4　管道内安装楔形传感器的布置方式

11.4.2　管道外插入式杆式互相关传感器的布置

图 3-11-5　管道外插入互相关流量计的布置方式

11.4.3　箱涵内楔形互相关传感器的布置

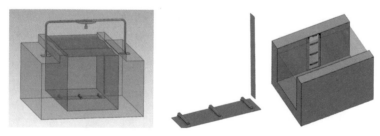

图 3-11-6　渠道箱涵内楔形互相关流量计的布置方式

11.5 致谢

本文的内容，部分源自如下文章，在此一并致谢！

［1］ numerical simulations (Laurent Solliec,2013).

［2］ King County Wastewater Treatment Division (2016): Regional Infiltration and Inflow Control program. 201S Jackson St, KSC-NR-0512, Seattle, WA 98104, USA.

图 3-12-1　渠道 / 浅河道快速和临时流量测量的现场

> 　　排水管网和水体的流量和液位测量是水质测量行业的"痛点"、技术难点和关注热点。在与同行的线下沟通中，我们发现业界人员普遍对流量和液位的测量存在某些误区。为了系统地介绍排水管网及水体的流量和液位测量，NIVUS 的微信公众号每周将分别分享一篇典型案例、一篇技术分析、一篇产品简介、一篇拓展应用和一篇有问有答。
>
> 　　如有任何流量和液位测量的难题，可通过电话、微信或微信公众号留言联系我们，我们将在"有问有答"专栏回答大家关心的问题。

　　随着水务和水利项目管理精细化的要求，人们对渠道 / 浅河道 / 排口的流量测量提出更高标准的要求。

　　这些测量结果主要用于：

- 供水系统、灌溉等的规划设计；
- 用于预测的水文模型的校准；
- 桥梁、大坝和防洪水库的设计；
- 污染物排放监管；
- 其他测量目的。

本文将介绍排口／渠道／浅河流的快速和临时的流量测量方法，并提出建议的设备选择。

12.1 流量测量方法的演变

12.1.1 容积法

基于如下公式：

$$Q = V_{体积} \cdot t$$

式中，$V_{(体积)}$——一定时间内接纳的液体体积；

t——时间间隔。

现场的实际照片见图3-12-2。

图3-12-2 容积法测量示意及现场

12.1.2 示踪剂法

将某种物质（示踪剂）连续均匀或一次性将一定剂量的示踪剂突然注入水流，在水流下游测量水中该示踪剂的含量，从而推算流量。

其测量原理是基于质量守恒定律：

$$QC_0 + qC_1 = (Q+q)C_2$$

现场实时的照片见图3-12-3。

图 3-12-3　示踪剂的现场使用

12.1.3　流速 - 面积法

流速 - 面积法是目前的主流测量方法。

用于渠道 / 浅河道的速度 - 面积法流量的测量系统发展历程如下。

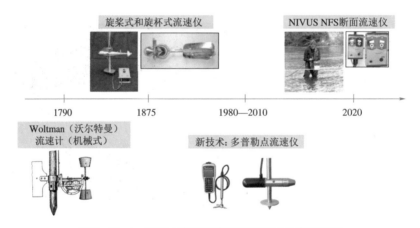

图 3-12-4　渠道 / 浅河道流量测量系统的发展历程

12.2　用于排口 / 渠道 / 河道的流速—面积法的测量要素

12.2.1　测量步骤

其测量步骤如下：

◆ 测量地点的选择；

◆ 测量渠道 / 河道的宽度；

◆ 垂直线的数量和间距的确定；

◆ 测量每个垂直方向的深度和速度；

◆ 垂直平均速度的确定；

◆ 计算渠道／河道的流量（Q）。

12.2.2 测量要素

根据《流体测量－用流量计或浮子测量明渠中的液体流量》（ISO 748：2007），测量要素如下：

◆ 测速历时（Minimum exposure）：30 s；

◆ 平均流速：速度分布法、折点法、积分法；

◆ 排放：平均截面法、中间截面法。

12.2.3 与排口／渠道／河道宽度相关的垂直线数量

表 3-12-1 排口／渠道／河道宽度相关的垂直线数量

编 号	渠道／河道宽度	垂直线数量
1	＜ 0.5 m	$n = 5 \sim 6$
2	＞ 0.5 m 且 ＜ 1 m	$n = 6 \sim 7$
3	＞ 1 m 且 ＜ 3 m	$n = 7 \sim 12$
4	＞ 3 m 且 ＜ 5 m	$n = 13 \sim 16$
5	＞ 5 m	$n \geqslant 22$

12.2.4 流速测量的不确定性

理论测量曲线见图 3-12-5。

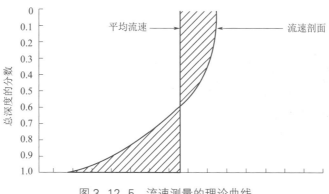

图 3-12-5 流速测量的理论曲线

根据不同的测量方法，获得的测量不确定性见表 3-12-2。

表 3-12-2　不同测量方法的测量不确定性

编　号	测量方法	不确定性 /%
1	流速分布	0.5
2	5 点法（表面、0.2D、0.6D、0.8D、底部）	2.5
3	2 点法（0.2D 和 0.8D）	3.5
4	1 点法（0.6D）	7.5
5	表面	15

不同测量方法的示意见图 3-12-6。

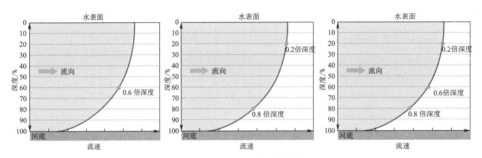

图 3-12-6　不同测量方法的示意

12.2.5　流速测量断面

图 3-12-7　流速测量断面示意

12.3 常见流速 – 面积法流量计的介绍

目前，市场上常见的流速 – 面积法流量计见图 3-12-8。

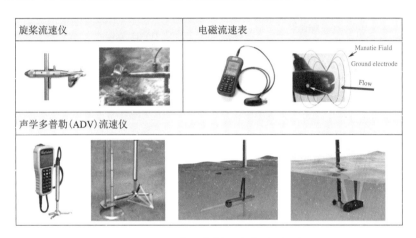

图 3-12-8 常见大断面流速测量设备

12.3.1 旋桨式流速仪

旋桨式流速仪的现场测量照片及测试结果，见图 3-12-9。

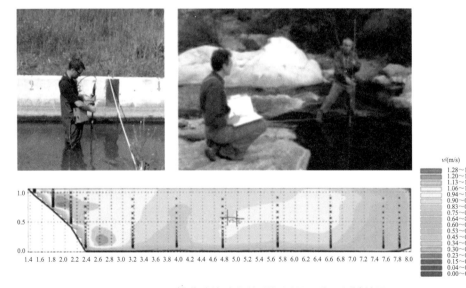

图 3-12-9 旋桨式流速仪的现场测量照片及测试结果

旋桨式流速仪可以在高流速、高含沙量和有水草漂浮物情况下正常使用。其缺点是测试工作量大、测量误差大、存在流速测量下限等。

12.3.2 ADCP声学多普勒流速剖面仪

ADCP 的现场测量照片及测试结果，见图 3-12-10。

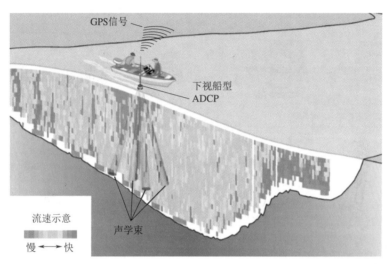

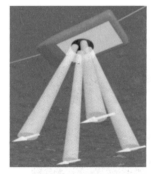

图 3-12-10 ADCP 现场测量照片及测试结果

ADCP 应用最广的领域当数海洋学对海流和波潮的研究，也可用于河流、运河的流量测量。ADCP 通常采用走航式，由小船带动，由水面向下测量。

ADCP 的传感器盲区大，需要比较深的水才能正常测量。

12.3.3 NIVUS 的点流速

NIVUS 在 1996—2014 年，主要提供多普勒点流速仪，具体介绍如下。

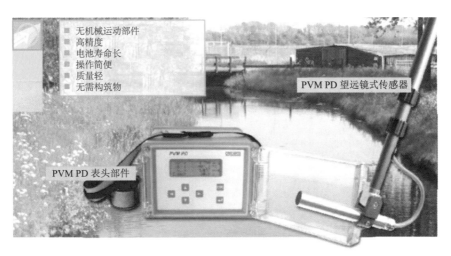

无机械运动部件
高精度
电池寿命长
操作简便
质量轻
无需构筑物

PVM PD 望远镜式传感器

PVM PD 表头部件

该PVM PD是便携式超声波脉冲测量单元的流速测量仪，适用于任何开放水域的检定测量通道和流体。

完全封装和水密性的传感器，使用常用的超声波脉冲法，在实施流程施工时操作简便，这是可以调整的。

这款仪表的特点是它的筒高而突出

图 3-12-11　NIVUS 点流速仪现场测量

12.3.4　NIVUS 的 NFS 剖面流速仪

轻巧的 NivuFlow Stick（NFS）便携式剖面流速仪易于运输，可在几秒钟内使用。使用智能手机或平板电脑即可轻松进行测量。没有运动部件，并且免维护。该仪器坚固耐用，其紧凑尺寸和重量已经过优化，在水体中可以轻松安全地进行操作。

图 3-12-12　NFS 剖面流速仪现场测量照片及测试结果

现场使用时，可以通过无线连接读取实时数据和存储的数据，还可以访问以前的测量数据。每次测量都显示和存储完整的数据和测量质量检查，以确保最佳操作。

NFS 剖面流速仪采用互相关流量计，可以直接测量过流断面，更好地理解和测量速度曲线。

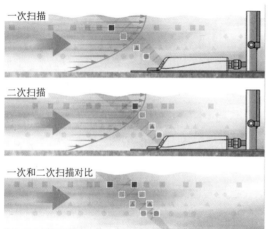
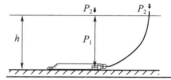

图 3-12-13　NFS 剖面流速仪测量过流断面示意

12.4　NivuFlow Stick 便携式剖面流速仪的系统组成

12.4.1　NFS 剖面流速仪的标准组成

标准的 NFS 剖面流速仪组成如下：

- 变送器和电池仓；
- CSM-D 互相关流速传感器（集成压力传感器）；
- 智能手机支架；
- 水平仪；
- 液位尺。

标准的 NFS 剖面流速仪适用水深不超过 75 cm 的渠道／河道流量测量。

标准的 NFS 剖面流速仪的外形尺寸见图 3-12-14 和图 3-12-15。

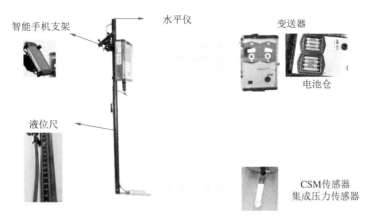

图 3-12-14　NFS 剖面流速仪系统组成

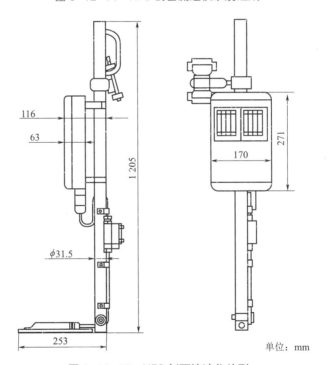

单位：mm

图 3-12-15　NFS 剖面流速仪外形

12.4.2　NFS 剖面流速仪的扩展

根据需要，可以做如下扩展：

◆ 将流速传感器更换为 CSP 互相关传感器，适合 4 m 水深的流量测量；

◆ 液位尺更换为可伸缩杆，可延长至 4 m。

扩展后的 NFS 剖面流速仪的组成如下：

◆ 变送器和电池仓；

◆ CSP 互相关流速传感器（集成压力传感器），适合 4 m 水深的流量测量；

◆ 智能手机支架；

◆ 水平仪；

◆ 扩展的液位尺（可延长至 4 m）。

注意，在这样的水深下保持对杆的良好控制是很困难的，需要考虑固定方式。

12.5 NFS 便携式剖面流速仪的性能参数

表 3-12-3 NFS 剖面流速仪性能参数

测量原理	超声波互相关流量计，实际流量剖面测量（流速） 静压式液位计（相对于大气压的液位测量）
流速测量范围	−100 ～ 600 cm/s
流速分辨率	0.001 m/s
流速精度	1%
液位测量分辨率	1 mm
精确测量精度	< 0.5% of full scale
声波频率	1 ～ 3 MHz
精确测量流速的最小水深	30 mm
温度测量	分辨率 0.1℃，精度 0.1℃
数据库	1 400 次测量
数据传输	无线下载
存储 / 操作温度	−30 ～ 70℃
电源	8 节 AA（5 号）普通电池或可充电电池
电池寿命	12 h 连续使用（使用 2 650 mA·h 电池）
变送器防护等级	IP67
传感器防护等级	IP68

12.6　应用案例

12.6.1　案例一

宽 4 000 mm 渠道：

◆ 实际测量数据，NFS：0.162 m³/s；

◆ 参考值：0.165 m³/s。

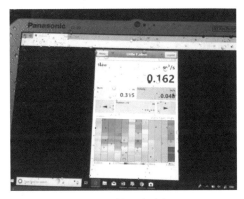

图 3-12-16　渠道内实地使用的 NFS 剖面流速仪

12.6.2　案例二

宽 10 m 河道：

◆ 实际测量数据，NFS：3.326 ～ 3.576 m³/s；

◆ 参考值：3.20 m³/s。

图 3-12-17　河道内实地使用的 NFS 剖面流速仪显示界面

12.6.3　其他案例照片

图 3-12-18　其他场合实地使用的 NFS 剖面流速仪

图 3-13-1　梯形渠道流场示意

　　排水管网和水体的流量和液位测量是水质测量行业的"痛点"、技术难点和关注热点。在与同行的线下沟通中，我们发现业界人员普遍对流量和液位的测量存在某些误区。为了系统地介绍排水管网及水体的流量和液位测量，NIVUS 的微信公众号每周将分别分享一篇典型案例、一篇技术分析、一篇产品简介、一篇拓展应用和一篇有问有答。

　　如有任何流量和液位测量的难题，可通过电话、微信或微信公众号留言联系我们，我们将在"有问有答"专栏回答大家关心的问题。

　　流量测量的精度，受到传感器的本身测量精度、流场变形、流场积分、安装误差、流道不规则以及传感器突出到水流中等的影响。

　　NIVUS 的产品包括超声波多普勒、超声波互相关和超声波时差法流量计。经过 40 多年探索，NIVUS 发展了全套的流量计安装、计算、积分和流态建模系统，极大地扩展了多种流量计的应用场景，提供了流量计的测量精度。

　　本文概要介绍 NIVUS 的梯形渠道的流场建模。改变设置参数后，此模型可以应用于矩形及其他不规则形状的渠道。

13.1 测量原理

超声波时差法流量计和超声波互相关都属于流速－面积法流量计。如之前的技术文章所述，速度－面积法测量流量（Q）时，需要测量两个因素：平均流速（$v_{平均}$）和过流面积（A），通用计算公式如下。

$$Q = v_{平均} \cdot A$$

13.1.1 超声波时差法流速的精确测量（v）

超声波时差法流量计采用声学时差法流速仪测量流速。其原理是在与流动方向成一定的夹角（通常为45°）处安装一组（两个）流速传感器，两个流速传感器互相发射和接收超声波。检测两个传感器（A 和 B）之间超声波信号的传播时间。顺着流动方向的传播时间（t_1）比逆着流动方向的传播时间（t_2）更短。两者的时间差与沿测量路径的平均速度（v_m）成正比。

通过声学时差法流速仪测得顺流、逆流方向的超声波传输时间差，并代入下面的公式，得出这两个传感器之间连线的平均流速。

$$v_m = \frac{t_2 - t_1}{t_2 \cdot t_1} \cdot \left(\frac{L}{2 \cos \alpha} \right)$$

式中，L——声波传播路径的长度；

t_1——A 到 B 的传播时间；

t_2——B 到 A 的传播时间。

13.1.2 互相关流量计流速（v）的精确测量

互相关流量计基于超声波互相关原理而非多普勒效应，传感器连续扫描水中多个颗粒或气泡，反射信息存储为图像，基于频率特征的粒子识别，根据脉冲重复频率确定两个脉冲之间的 T_{PRF} 时差（Δt），根据这个时差和距离间隔得到颗粒或气泡的速度，从而得到这个点的流速。可以把超声波互相关流量计想象为超声波相机：互相关流量计可以记录超声波束内的水平和垂直方向多个颗粒或气泡，如同测量"颗粒云"，并在几毫秒内对颗粒或气泡进行相互比较（两张照片的比对）。互相关流量计的优点：测量实际流速而不是拟合值，无须对流量计进行校准，无须数据二次处理（即数据清洗），在复杂条件下具有极高的测量精度（见图2-1-4）。

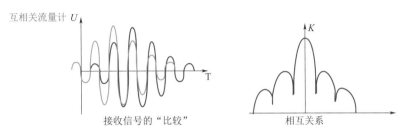

图 3-13-2　互相关流量计信号分析

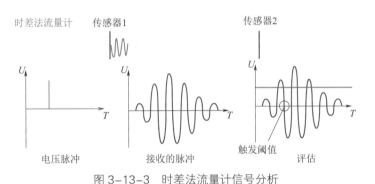

图 3-13-3　时差法流量计信号分析

13.1.3　超声波传播时间的测量

　　流量计测量范围通常在几米量级，超声传播时间通常在毫秒量级，时间差通常在微秒量级，因此时间差的测量准确度要求要远高于传播时间。时间差的准确测量是测量装置的核心内容，通常采用过零检测、波形相关分析等方法测量传播时间和时间差，宜利用多次重复测量获得其平均值，降低湍流等因素带来的不确定度。

　　超声波在变送器匹配层的传播时间、电缆中电信号传播时间以及电子设备中信号处理时间等是影响超声传播时间的因素，应予以修正。

　　测量范围内泥沙、杂质、气泡等造成的信号衰减和畸变、外部电磁源干扰引起的信号失真，会影响传播时间测量的准确度。

13.1.4　建模的目的和方法

　　在确定平均速度时，先决条件必须精确：

　　◆ 速度测量对应于一种技术实现的本地测量；

　　◆ 路径测量对应于从传感器安装位置到相应边界条件（自由表面或管壁）

的测量范围；

◆ 平均速度对应于过流断面的平均速度。

目标是将路径速度与平均速度联系起来。同时，路径速度由局部速度确定。确定与测量技术相关的路径的方法如下：

◆ 对于互相关流量计，测量值应转换为特点的函数；

◆ 对于时差法流量计，速度测量对应路径值。

13.1.5 参数列表

—B: 上下宽度的最大值；

—b: 上下宽度的最小值；

—H: 最大的位置；

—m: 定义的倾斜斜率，$m = (B - b)/2H$；

—A_r: 长宽比，由 $A_r = S(h)/h^2$ 定义；

—$|z|/B$: 尺寸较小的横向位置，值 $0/B(h)$ 对应于中心，而 $0.5/B(h)$ 对应于墙的最大位置；

—$|y|/h$: 尺寸较小的垂直位置。

13.1.6 校正系数

本文目的是将路径测量与平均速度联系起来。平均速度可通过下式计算：

$$v_{mean} = K \times v_{path}$$

式中，v_{mean} ——平均速度；

v_{path} ——路径速度；

K ——相关因子。

本文提出的方法是计算明渠在不同条件下的相关系数（K）：

◆ 垂直安装；

◆ 标准安装；

◆ 水平安装。

13.2 标准安装的明渠

标准安装的明渠，见图 3-13-4。

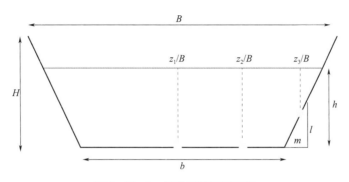

图 3-13-4   标准安装明渠示意

13.2.1 尺寸范围

对应于以下范围：

— $-0.40 \times B(h) \leq z_i \leq 0.40 \times B(h)$

— $0.25 \leq m \leq 2$

— $m \leq A_r \leq 10$

13.2.2 校正系数

根据几何和水力方面，相关系数（K）：

$$K = f\left(\frac{|z|}{B(h)}, A_r, m\right)$$

参数 $|z|/B(h)$、A_r、m 分别是传感器的无量纲横向位置、长宽比和梯形通道的倾角。

13.2.3 底部修正系数

修正系数（K）使用以下函数计算：

$$K = A(A_r, m) + B(A_r, m)\frac{z'}{1 - z' + C}$$

13.2.4 实际比对结果

从总体上看，模型与实验数据基本吻合，沿底面绝对误差小于 2%。对于本例，该值为 0.6%。最佳匹配是矩形通道，达到 1% 以下。

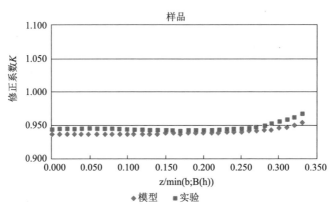

图 3-13-5　模型与实验结果的比对示意

13.3　垂直安装的明渠

垂直安装的明渠，见图 3-13-6。

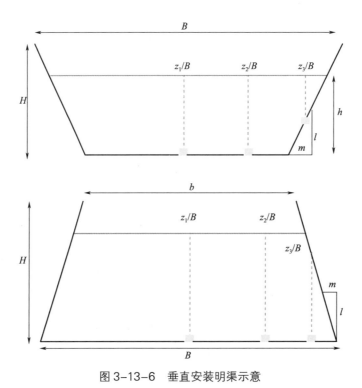

图 3-13-6　垂直安装明渠示意

13.3.1　尺寸范围

安装极限与范围相对应：

— $-0.45 \times B \leq z_i \leq 0.45 \times B$

— $-0.125 \leq m \leq 2$

— $m \leq A_r \leq 10$

13.3.2　校正系数

根据几何和水力方面，相关系数（K）定义为

$$K = f\left(\frac{|z|}{B(h)}, A_r, m\right)$$

13.3.3　底部修正系数

通过以下函数计算校正系数（K）：

$$K = A(A_r, m) + B(A_r, m)\frac{1 - z'}{1 - z' + C}$$

13.3.4　实际比对结果

从总体上看，模型与实验数据基本吻合，沿底面绝对误差小于 2%。最佳匹配是矩形通道，达到 1% 以下。

13.4　水平安装的明渠

水平安装的明渠，如图 3-13-7 所示。

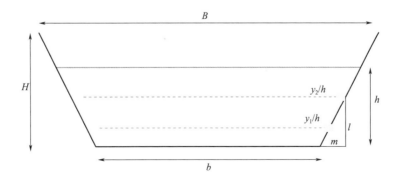

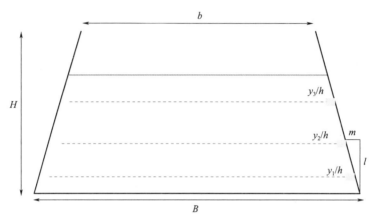

图 3-13-7 水平安装明渠示意

13.4.1 尺寸范围

安装极限与范围相对应：

— $-0.45 \times B \leqslant z_i \leqslant 0.45B$

— $-0.125 \leqslant m \leqslant 2$

— $m \leqslant A_r \leqslant 7$

13.4.2 校正系数

校正系数采用速度剖面形式：

$$K = A \times \frac{y}{h} \times \ln\left(\frac{y}{h}\right) + B + C \times \frac{y}{h}$$

使用如下方程

该函数与数据的绝对误差小于 2。$m=0$ 时为矩形通道。

$$\begin{cases} A = \left(-0.110\,18\,m^2 + 0.338\,5\,m + 0.135\,2\right) \cdot \ln\left(A_r\right) + \left(0.334\,7\,m^2 - 0.303\,3m + 0.100\,9\right) \\ B = \left(-0.068\,1\,m^2 + 0.170\,2\,m + 0.124\,8\right) \cdot \ln\left(A_r\right) + \left(0.053\,4\,m^2 - 0.136\,7\,m + 1.145\,3\right) \\ C = \left(-0.094\,0\,m^2 + 0.192\,2\,m + 0.145\,0\right) \cdot \ln\left(A_r\right) + \left(-0.104\,7\,m^2 + 0.230\,8\,m - 0.163\,7\right) \end{cases}$$

13.5 更多传感器的配置

如果安装了更多的传感器，则提出了一种简单的解决方案，即用校正系数对所有传感器进行平均校正。它已经在不同的条件下进行了测试（数值和实验）。它提供了可接受的结果。

$$v_{\text{mean}} = \frac{1}{N} \sum_{i=1}^{N} K_i \cdot v_{\text{path}}^i$$

式中，K_i——i 传感器的相应校正系数；

v_{path}^i——i 传感器的速度路径。

14 圆形管道的流场建模

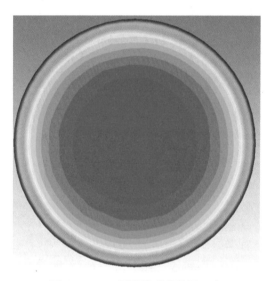

图 3-14-1　圆形管道的流场示意

　　排水管网和水体的流量和液位测量是水质测量行业的"痛点"、技术难点和关注热点。在与同行的线下沟通中，我们发现业界人员普遍对流量和液位的测量存在某些误区。为了系统地介绍排水管网及水体的流量和液位测量，NIVUS 的微信公众号每周将分别分享一篇典型案例、一篇技术分析、一篇产品简介、一篇拓展应用和一篇有问有答。

　　如有任何流量和液位测量的难题，可通过电话、微信或微信公众号留言联系我们，我们将在"有问有答"专栏回答大家关心的问题。

　　流量测量的精度，受到传感器的本身测量精度、流场变形、流场积分、安装误差、流道不规则以及传感器突出到水流中等的影响。

　　NIVUS 的产品包括超声波多普勒、超声波互相关和超声波时差法流量计。经过 40 多年探索，NIVUS 发展了全套的流量计安装、计算、积分和流态建模系统，极大地扩展了多种流量计的应用场景，提供了流量计的测量精度。

本文概要介绍 NIVUS 的圆形管道的流场建模。

14.1 测量原理

超声波时差法流量计和超声波互相关都属于流速 – 面积法流量计。如之前的技术文章所述，速度 – 面积法测量流量（Q）时，需要测量两个因素：平均流速（$v_{平均}$）和过流面积（A），通用计算公式如下。

$$Q = v_{平均} \cdot A$$

14.1.1 超声波时差法流速（v）的精确测量

超声波时差法流量计采用声学时差法流速仪测量流速。其原理是在与流动方向成一定的夹角（通常为 45°）处安装一组（两个）流速传感器，两个流速传感器互相发射和接收超声波。检测两个传感器（A 和 B）之间超声波信号的传播时间。顺着流动方向的传播时间（t_1）比逆着流动方向的传播时间（t_2）更短。两者的时间差与沿测量路径的平均速度（v_m）成正比。

通过声学时差法流速仪测得顺流、逆流方向的超声波传输时间差，并代入下面的公式，得出这两个传感器之间连线的平均流速。

$$v_m = \frac{t_2 - t_1}{t_2 \cdot t_1} \cdot \left(\frac{L}{2\cos\alpha} \right)$$

式中，L——声波传播路径的长度；

t_1——A 到 B 的传播时间；

t_2——B 到 A 的传播时间。

14.1.2 互相关流量计流速（v）的精确测量

互相关流量计基于超声波互相关原理而非多普勒效应，传感器连续扫描水中多个颗粒或气泡，反射信息存储为图像，基于频率特征的粒子识别，根据脉冲重复频率确定两个脉冲之间的 T_{PRF} 时差（Δt），根据这个时差和距离间隔得到颗粒或气泡的速度，从而得到这个点的流速。可以把超声波互相关流量计想象为超声波相机：互相关流量计可以记录超声波束内的水平和垂直方向多个颗粒或气泡，如同测量"颗粒云"，并在几毫秒内对颗粒或气泡进行相互比较（两张照片的比对）。互相关流量计的优点：测量实际流速而不是拟合值，无须对流量计进行校准，无须数据二次处理（即数据清洗），在复杂条件下具有极高的测量精度（见图2-1-4、图3-13-2和图3-13-3）。

14.1.3 超声波传播时间的测量

流量计测量范围通常在几米量级，超声传播时间通常在毫秒量级，时间差通常在微秒量级，因此时间差的测量准确度要求要远高于传播时间。时间差的准确测量是测量装置的核心内容，通常采用过零检测、波形相关分析等方法测量传播时间和时间差，宜利用多次重复测量获得其平均值，降低湍流等因素带来的不确定度。

超声波在变送器匹配层的传播时间、电缆中电信号传播时间以及电子设备中信号处理时间等是影响超声传播时间的因素，应予以修正。

测量范围内泥沙、杂质、气泡等造成的信号衰减和畸变、外部电磁源干扰引起的信号失真，会影响传播时间测量的准确度。

14.1.4 建模的目的和方法

在确定平均速度时，先决条件必须精确：

- 速度测量对应于一种技术实现的本地测量；
- 路径测量对应于从传感器安装位置到相应边界条件（自由表面或管壁）的测量范围；
- 平均速度对应于过流断面的平均速度。

目标是将路径速度与平均速度联系起来。同时，路径速度由局部速度确定。确定与测量技术相关的路径的方法如下：

- 对于互相关流量计，测量值应转换为特点的函数；
- 对于时差法流量计，速度测量对应路径值。

14.1.5 参数列表

—A_r：由 $A_r = S(h)/h^2$ 定义的纵横比。

—$|z|/D$：无量纲横向位置。值 $0/D$ 对应于中心，而 $0.5/D$ 对应于墙壁。

—$|y|/D$：无量纲垂直位置（满管）。值 $0/D$ 对应于中心，而 $0.5/D$ 对应于墙壁 。

—y/D：无量纲垂直位置，$0 \leqslant y/D \leqslant 1$。

—h/D：无量纲水深 $0 \leqslant h/D \leqslant 1$。

14.1.6 校正系数

本文目的是将路径测量与平均速度联系起来。 平均速度可通过下式计算：

$$v_{mean} = K \times v_{path}$$

式中，v_{mean}——平均速度；

$\qquad v_{path}$——路径速度；

$\qquad K$——相关因子。

本文提出的方法是计算明渠在不同条件下的相关系数（K）：

—满管

◆ 标准安装；

◆ 垂直安装；

◆ 水平安装。

—明渠

◆ 垂直安装；

◆ 水平安装。

14.2 标准安装的满管

14.2.1 安装图

见图 3-14-2。

14.2.2 尺寸范围

对应以下范围：DN > 100 mm。

14.2.3 校正系数

在此配置中，如果确定路径值，则校正因子恒定为 0.945。

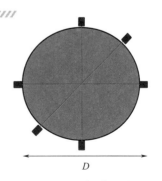

图 3-14-2 标准安装的满管示意

14.3 垂直安装的满管

14.3.1 安装图

见图 3-14-3。

14.3.2 尺寸范围

对应以下范围：$0 \leqslant |z| / D \leqslant 0.45$。

14.3.3 校正系数

校正系数（K）采用以下形式：

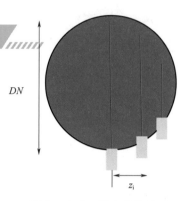

图 3-14-3　垂直安装的
满管示意

$$K = A + B \frac{1 - 2|z| / D}{1 - 2|z| / D + C}$$

14.4 水平安装的满管

14.4.1 安装图

见图 3-14-4。

14.4.2 尺寸范围

对应以下范围：$0 \leqslant |y| / D \leqslant 0.45$。

14.4.3 校正系数

修正系数（K）采用以下形式：

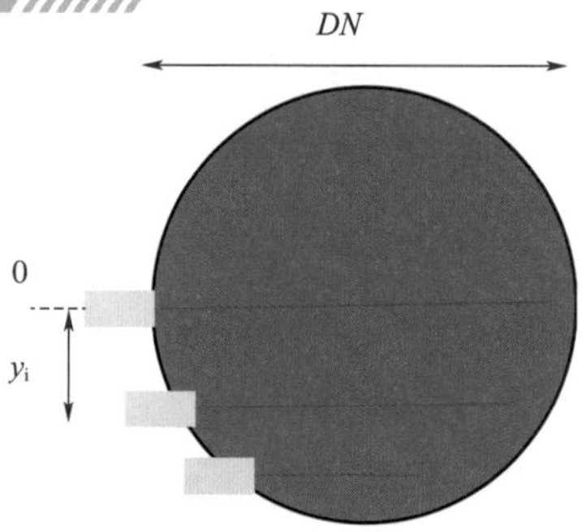

图 3-14-4　水平安装的满管示意

$$K = A + B \frac{1 - 2|y| / D}{1 - 2|y| / D + C}$$

14.5 标准安装的明渠

14.5.1 安装图

见图 3-14-5。

在此配置中，传感器取决于两个

参数：

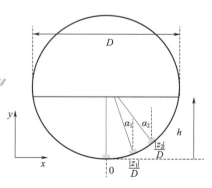

图 3-14-5　标准安装的非满管示意

- ◆ 与中心的距离得到的安装位置 y_i；
- ◆ 传感器与垂直线的夹角。

14.5.2　尺寸范围

对应以下范围：$-0.40 \times \mathrm{DN} \le z_i \le 0.40 \times \mathrm{DN}$。

14.5.3　校正系数

修正系数（K）采用以下形式：

$$K = f\left(\frac{|z|}{D}, \frac{h}{D}\right)$$

14.6　垂直安装的明渠

14.6.1　安装图

见图 3-14-6。

14.6.2　尺寸范围

对应以下范围：

$-0.40 \times \mathrm{DN} \le z_i \le 0.40 \times \mathrm{DN}$。

14.6.3　校正系数

修正系数（K）采用以下形式：

$$K = f\left(\frac{|z|}{D}, \frac{h}{D}\right)$$

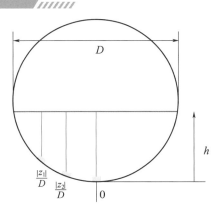

图 3-14-6　垂直安装的非满管示意

14.7　水平安装的非满管

14.7.1　安装图

见图 3-14-7。

14.7.2　尺寸范围

对应于以下范围：$10\% < y/h < 90\%$ 和 $10\% < y/D < 99\%$

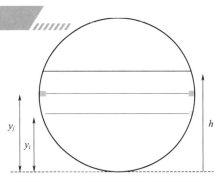

图 3-14-7　水平安装的非满管示意

255

14.7.3 校正系数

修正系数 K 采用以下形式：

$$K = A \times \frac{y}{h} \times \ln\left(\frac{y}{h}\right) + B + C \times \frac{y}{h}$$

第四章　拓展应用 ◀《

1 流量计与取样器结合解决来水异常 和污染物溯源

图 4-1-1　在线取样器

　　排水管网和水体的流量和液位测量是水质测量行业的"痛点"、技术难点和关注热点。在与同行的线下沟通中，我们发现业界人员普遍对流量和液位的测量存在某些误区。为了系统地介绍排水管网及水体的流量和液位测量，NIVUS 的微信公众号每周将分别分享一篇典型案例、一篇技术分析、一篇产品简介、一篇拓展应用和一篇有问有答。

　　如有任何流量和液位测量的难题，可通过电话、微信或微信公众号留言联系我们，我们将在"有问有答"专栏回答大家关心的问题。

1.1　排水管网来水异常的案例

近年来，随着各地排水管网建设的不断完善，收集污水的效果显著，与此同时，各地污水处理厂发生来水异常的事件也日益频繁。

例如，2019 年某市污水处理厂发生来水异常事件共 66 起，有 27 家污水处理厂受到影响，占该市污水处理厂总数的 74%。

主要原因如下：

- 商业区、商住区、私人作坊，甚至私人住宅排水的错接混接；
- 企业偷排现象时有发生，工业废水远超污水处理厂设计浓度（尤其是 pH、T_p 两项指标），易对生化处理系统造成较大冲击导致停产。

及早检测和发现异常来水，能较好地保护污水处理厂免受冲击。该市采用采购第三方服务的方式租用 34 套水质在线监测装置安装在主干管网，以便提前发现水质异常情况，在异常污水进入污水处理厂前及时做出应对措施，将在一定程度上减少污水处理厂的冲击破坏，从而提高污水处理厂的污水处理效率。

但此方法也存在如下问题：

- 监测点的原水监测探头常受浮渣等恶劣环境的影响，导致监测数据精度不高，精准性有时较差，需经常进行校准，否则可能会出现预警判断失误；
- 在线水质监测装置的传感器探头长期在复杂的污水环境里运行，破损、破坏无法预测，造成日常维护频率及工作量增大，运维成本较高；
- 由于污水水质可能冲击因子极为复杂，监测系统因子设置难于控制，监测点的监测仪器不可能对所有水质因子进行监测，只能筛选可能影响较大的因子，存在监测水质因子有限的问题；
- 目前较难做到污染因子在线实时监测，有些因子因为监测点监测到的数据仍需要一段时间进行取样、化验、分析，无法做到在线实时预警，所以这个系统无法实现污染因子实时和全覆盖，存在较大的盲区；
- 在线水质仪表测量误差大。

1.2 流量计和取样器结合

流量监测既具有反应速度快、安装方便并适合长期运行、流量和水质配合更容易找到异常来水、可以进一步做到溯源等优势；也存在对流量计的设备质量要求高、测量精度要求高等特别的要求。

总的来看，水质和流量的在线组合测量，是一种较好的选择。可以采用在线流量计和在线自动取样器相结合的方式，解决污水厂来水异常的问题。

1.2.1 工作方式

◆ 流量计可以根据液位、流量和持续时间自动控制取样器；

◆ 正常情况下，在线自动取样器休眠；

◆ 当出现液位、流速、流量等异常时（设定值可以调节），根据流量计的信号指示启动在线自动取样器；

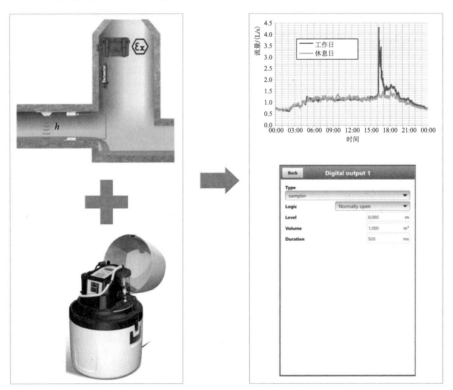

图 4-1-2　流量计与在线取样器的联动

- 在线自动取样器自定义取样频率和取样容量；
- 取样情况可以在流量计的 Web 端直接显示；
- 取样量精度高；
- 真空泵抽吸速度 > 0.5 m/s 时，吸取高度达 8 m（100 kPa）；
- 内置 PLC，多种程序；
- 自带的通信方式为 LAN/GPRS/Web；
- 电池供电，待机时间可达几周；
- 易于清洁维护；
- 人体工程学设计；
- 睡眠模式有效延长电池运行时间精确取样。

1.2.2　解决方案

根据现场实际情况，提前设定来水的流速、流量、液位或水温的阈值。当流量计检测到某个参数达到此设定阈值后，自动唤醒在线自动取样器，按提前设定的取样逻辑自动取样。取样结束后，自动通知人员取样送检。

在实验室，可以精确测量所有可能的水质因子，找到可能的污染物来源。结合水样时间和流速的时间，找到可能的异常来源。

出现异常情况后，可以根据异常情况的严重程度，自动打开污水厂调蓄池进口控制阀门，将此部分可疑的废水引入调蓄池，避免可能的来水冲击。

根据水质异常情况，找到可能的排放来源；在此排口进一步安装流量计和自动取样器，进一步固定证据。

1.3　应用领域

- 来水异常的实时监控；
- 后疫情时代的疫情调查：自动取样后的分析化验，为病毒的监测和爆发预警提供了保障；
- 污染物溯源；
- 管网诊断。

1.4 应用案例

图 4-1-3 为某省会城市排水管网中实际测量数据。从图中可以发现，流量的峰值出现在 0:00 左右。而城市排水管网存在早晚高峰，0:00 的排水峰值意味着工业废水直排或其他偷排。

在此测量点安装在线取样器后，可以根据预定的流量阈值激活自动取样器，取样送检后，可以进一步找到排水来源，实现污染物溯源。

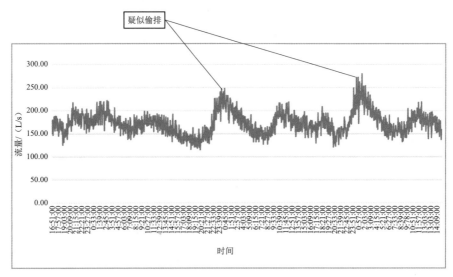

图 4-1-3 流量计与在线取样器的联动

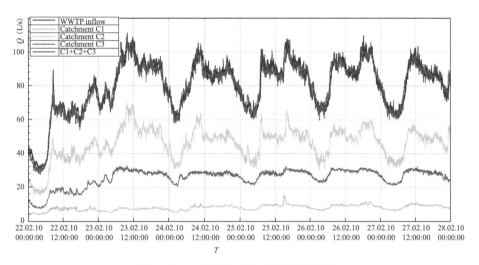

图 4-2-1　不同汇水分区流量变化曲线

　　排水管网和水体的流量和液位测量是水质测量行业的"痛点"、技术难点和关注热点。在与同行的线下沟通中，我们发现业界人员普遍对流量和液位的测量存在某些误区。为了系统地介绍排水管网及水体的流量和液位测量，NIVUS 的微信公众号每周将分别分享一篇典型案例、一篇技术分析、一篇产品简介、一篇拓展应用和一篇有问有答。

　　如有任何流量和液位测量的难题，可通过电话、微信或微信公众号留言联系我们，我们将在"有问有答"专栏回答大家关心的问题。

2.1　国内排水管网的常用管网诊断方法

　　国内排水管网的特点：高水位运行、沉积、杂质多、不明来水多、下雨就黑、污水厂进水浓度低。

提质增效重点是精准截污（消直排、堵倒灌、治渗水、改混接、减溢流）；解决入流入渗是提质增效的前提和基础；而提高污水管网密闭性是提质增效的核心。因此，需要对管网进行诊断，判断管网质量。

通常采用"CCTV+内窥镜"的检测方法，对管网质量进行判断。"CCTV+内窥镜"的检测方法可以直接获得管网的影像数据，直观快捷。但也有如下的问题：

- 预处理（清淤、导流、封堵等措施）费用高；
- 通常需要交警配合做交通疏导；
- 施工时间长；
- 安全事故发生率较大；
- 可以对管道缺陷数量进行检测，但不能对管网进行整体的定性分析；
- 缺少流量测量数据支撑，不能反映管网"入流入渗"的真实情况，从而达不到管网诊断的真正目的；
- 在满管或高液位的情况下，某些地方对"CCTV+内窥镜"检测方法得出的数据准确性存在较大怀疑。

2.2 基于高精度流量测量的管网诊断方法

德国用水管理、废水和垃圾注册协会（DWA，2012）的DWA-M 182指南中，包括量化入流入渗量测量的不同方法。根据边界条件和可用数据，该指南建议采用以下方法。

- 化学法：根据夜间最小流量条件下，特定污染物的旱季平均日流量浓度与污染物浓度的比值计算入渗流量；
- 每年旱季流量法：每年污水管网中旱季流量，与集水区/小流域相应饮用水消耗量之间的差异；
- 移动最小方法：基于21天为周期的最小昼夜流量对应于旱季流量的假设，进一步的分析步骤与旱季流量法相同；
- 夜间最小流量法：基于夜间最小流量值等于入流入渗量的假设。

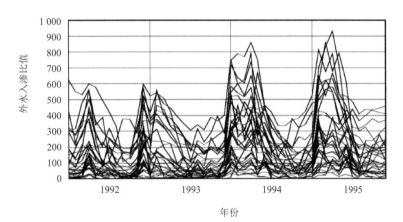

图 4-2-2 德国联邦 FWZ 的相关数据

FWZ 参数为地下管网中入流入渗量与污水量的比例。当 **FWZ=100%** 时，相当于管道内入流入渗量 = 管道内的污水量。

德国各个州的平均 FWZ 变化很大，主要原因是排水系统的体制（分流制还是合流制），以及管网质量。

图 4-2-3 是巴登 – 符腾堡州 34 个地点平均每月的 FWZ（Brombach，2004）值。可以看出，随着季节的变化，FWZ 值变化很大。但是，虽然入流入渗的变化幅度大，入流入渗与管网质量有密切的管网，可以通过对入流入渗的测量判断管网质量，初步定位管网问题。

汇水分区和污水厂位置示意图

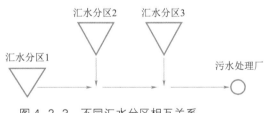

图 4-2-3 不同汇水分区相互关系

主要方法有以下两种：

◆ 采用"夜间最小流量法"，判断测量点上游汇水区的入流入渗量；

◆ 采用"管段前后流量差值法"，即"检测管段的上游端流量（Q_1）—下游端流量（Q_2）的差值便是该管段的入渗量"。入渗量能体现该管段的破损程度。该方法可以有效地排除检查井渗漏及不明来水对所测管段入渗量的影响。（对于雨水管网配合水质在线监测。）

2.3 应用案例

在这个案例中，有3个汇水分区（C_1、C_2和C_3）和一个污水处理厂；分别在汇水分区进入污水总管，以及污水处理厂总进口处设置NIVUS互相关流量计，实时测量管道流量。从图4-2-1可以看出：

- 汇水分区（C_2）的流量早晚高峰很明显；
- 汇水分区（C_1和C_3）的流量早晚高峰不明显，其中C_1基本为一条直线，没有早晚高峰；C_2略有峰谷；
- 图中的红色曲线为$C_1+C_2+C_3$，该曲线与污水厂进口流量计（绿色曲线）的趋势一致；但2条曲线之间仍然有一个差值。

对上述数据的分析如下：

- $C_1+C_2+C_3$的红色曲线与污水厂进口流量计（绿色曲线）的差值，是这段主管道的入流入渗量；
- 汇水分区（C_2）的流量早晚高峰很明显，夜间最小流量法测量的入流入渗量比较低，说明汇水分区（C_2）管道比较好；
- 汇水分区（C_1）的流量早晚高峰不明显，基本为一条直线，夜间最小流量法测量的入流入渗量比较高，说明管道质量很差；
- 汇水分区（C_3）的流量早晚高峰不明显，但好于汇水分区（C_1）。

可以根据图4-2-1得到不同汇水分区的入流入渗量，以及不同区域与总的入流入渗量的占比。将整个区域按汇水分区分别进行水量测量后，可以根据不同的入流入渗量的占比比例，将不同的汇水分区涂上不同的颜色，这样就绘制出该区域的入流入渗量地图。

基于这个分区入流入渗量地图，我们可以做如下工作：

- 该区域的整体入流入渗量，以及各个区域的入流入渗量占比；
- 根据此分区入流入渗量地图，可以编制投资预算，确认提质增效项目的重点投资区域，并根据此地图估计最终效果；

◆ 结合各个分区实际的"CCTV+内窥镜"检测结果，双向验证分区入流入渗量地图的可靠性；

◆ 项目实施后，定期监测各个区域的流量，分析判断提质增效项目的实际实施效果，并判断管网非开挖项目的长期运行情况等。

3 流量计与雨量计的结合

图 4-3-1　雨量计实物

　　排水管网和水体的流量和液位测量是水质测量行业的"痛点"、技术难点和关注热点。在与同行的线下沟通中，我们发现业界人员普遍对流量和液位的测量存在某些误区。为了系统地介绍排水管网及水体的流量和液位测量，NIVUS 的微信公众号每周将分别分享一篇典型案例、一篇技术分析、一篇产品简介、一篇拓展应用和一篇有问有答。

　　如有任何流量和液位测量的难题，可通过电话、微信或微信公众号留言联系我们，我们将在"有问有答"专栏回答大家关心的问题。

　　排水管网的液位和流速的波动大、杂质多、有毒有害气体多，导致影响流量和液位测量的因素多。

3.1 流量测量数据的质量

多普勒流量计为点流速仪，通常需要对测量结果进行不断的数据清洗，以便形成合理的流量曲线。

而互相关流量计为实测值，除了以下可能产生误差的原因以外，通常我们不建议对数据进行清洗。这些可能产生误差的原因如下：

- 液位波动，导致液位低于流速传感器测量盲区；
- 流速传感器被异物覆盖；
- 降雨。

3.2 降雨对流量测量的影响

降雨对排水管网尤其是合流制管网的流量影响很大，如图 3-1-2 所示。

因此，需要扣除降雨对流量测量数据的影响，否则将导致误判。这就需要和雨量计相结合，由雨量计提供实时的降雨信息。

雨量计的测量精度要求，与流量计的测量精度要求相匹配。我们建议，使互相关流量计匹配的流量计测量的分辨率为 0.1 mm 降水，测量误差<测量值的 ±3%。

图 4-3-2 雨量计安装现场

表 4-3-1　雨量计的技术参数

Type RM200 Type RM202	标准 带加热
收集区域	200 cm^2
倾翻量	2 cm^3
强度	最大 11 mm/min
分辨率	0.1 mm 降水
准确度输出 1	在 0 ～ 11 mm/min ± 3%
环境温度	无加热 0 ～ 60℃ 带加热 25 ～ 60℃
重量	3.3 kg
输出信号 1	
脉动长度	125 ms
脉冲频率	0 ～ 2 Hz
供电	5 ～ 24 V DC
闭合电流	（无降水）50 μA
脉冲电流	80 mA
Ra_{max}	10 k Ohm[Ra 在界面（V_{cc}=5V）]
R_v（在 RG 中系列阻抗）	100 Ohm
输出信号 2	
脉动长度	5 0 ms
脉冲频率	0 ～ 2 Hz
切换容量	0.5 W
开关电压	42 V
Type RM 202	
加热	24 V DC 启动温度为 5℃ 滞后 2℃
加热功率	48.5 W

续表

Type RM200 Type RM202	标准 带加热
配件（可选）	
供电单元	Type RMTOZ NTH01
主电源	85 ～ 265 V AC
辅助电源	24 V DC
功耗	60 W
外壳保护	IP65

3.3 实际应用案例

3.3.1 实际流量测量曲线

某次测量的流量曲线如图 4-3-3。在曲线上可以看到红框范围内有流量的急剧增加。通常，这么大量的流量变化，可以判断为：偷排或降雨。

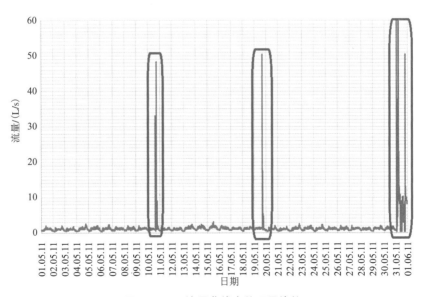

图 4-3-3 流量曲线中的明显峰值

3.3.2 考虑雨量计数据

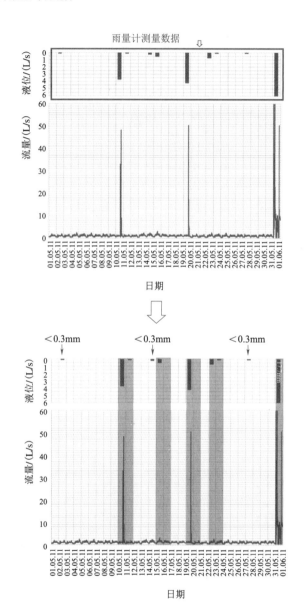

图 4-3-4　根据雨量数据修正流量曲线

当结合了雨量计的测量数据后，发现这些流量的急剧增加是在降雨之后发生的。因此，可以在雨量计测量数据前后扣除这部分流量值的变化，以便规避降雨对排水管网流量测量数据质量的影响，提高测量数据质量。

3.4　结论

◆ 多普勒流量计为点流速仪，通常需要对测量结果进行不断的数据清洗，以便形成合理的流量曲线。

◆ 而互相关流量计为实测值，除了（1）液位波动，导致液位低于流速传感器测量盲区；（2）流速传感器被异物覆盖；（3）降雨等因素以外；通常我们不建议对数据进行清洗。

◆ 采用雨量计和流量计相结合的方式，可以规避降雨对排水管网流量测量数据质量的影响，提高测量数据质量。

4 非满管流量计在截流井中的应用

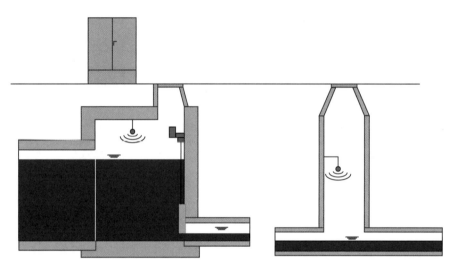

图 4-4-1　截留井内安装流量计的示意

> 　　排水管网和水体的流量和液位测量是水质测量行业的"痛点"、技术难点和关注热点。在与同行的线下沟通中，我们发现业界人员普遍对流量和液位的测量存在某些误区。为了系统地介绍排水管网及水体的流量和液位测量，NIVUS 的微信公众号每周将分别分享一篇典型案例、一篇技术分析、一篇产品简介、一篇拓展应用和一篇有问有答。
>
> 　　如有任何流量和液位测量的难题，可通过电话、微信或微信公众号留言联系我们，我们将在"有问有答"专栏回答大家关心的问题。

　　随着水环境治理的深化，我们越来越发现可靠的流量测量数据是地下管网诊断、提质增效、厂站网河一体化项目和水务数字化项目规划、建设和高效运营的起点和前提。

　　今天，我们就介绍非满管流量计在截流井中的应用。

4.1 截流井的作用

截流井是黑臭水体治理项目中的重要组成，用于控制排水管网的溢流量（图 4-4-2 ⑤）。通常，其主要功能如下：

◆ 初雨期间利用管道的调蓄空间进行调蓄；

◆ 洪水期间快速清空，确保安全运营；

◆ 日常运营期间，定期管道冲洗，沉积物引入污水处理厂，保持管道通畅和降低管道内的沉积物。

而智能截流井是在传统截流井基础上，加入雨量计、管道流量计、液位计和控制系统等进一步发展而成的。智能截流井可以实现如下目标：

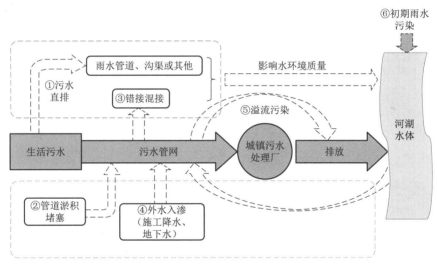

图 4-4-2　排水管网存在问题

注：此图源自上海市城市建设设计研究总院唐建国总工

◆ 自动识别降雨量，按事先规划的分流模式进行自动分流；

◆ 最大限度地收集旱流污水和初期雨水，最大限度地减少溢流量，减少对周围河道的污染物冲击负荷；

◆ 控制并精确测量进入后续污水厂或 CSO 处理厂的水量，以便不超过污水厂或 CSO 处理厂的设计进水流量；

◆ 顺利排出后期雨水或洪水，避免内涝。

4.2 截流井的组成和作用

4.2.1 截流井的组成

表 4-4-1 截流井的常用设备组成

编号	设备名称	数量	备注
1	上流式浮箱堰/液动下开堰/液动翻转堰等截流设备	1	控制管道最高水位，减少溢流量
2	液动或电动限流阀	1	控制进入污水厂的流量
3	雨量计	1	可以电池供电，无须电网供电，直接进云端
4	液位计	1	可以电池供电，无须电网供电，直接进云端
5	非满管流量计	1	（1）可以测定满管和非满管流量计；（2）可以电池供电，无须电网供电，直接进云端

4.2.2 限流阀的作用

限流阀的工作原理是基于根据相应的上游水位调节具有控制闸阀的限定流量，确保出水流量保持恒定（见图 4-4-1）。此流量可以在系统中设定。系统组成如下：

◆ 液动或电动限流阀；

◆ 控制柜及控制系统组件；

◆ 超声波液位计，监控水位；

◆ 非满管流量计，监测和控制限流阀的开启度；

◆ 控制软件，可以顺畅地调节流量。

4.2.3 非满管流量计

截流井进入污水厂的流量，需要精确测量。常用的流量测量方法见图 2-1-4。

◆ 为测量截流井的前后液位差，利用巴歇尔槽的原理推算流量。此方法为间接测量法，测量精度不高，容易受外部因素影响。

◆ 也可以选择半满管流量计，采用直接和准确的流量测量法。

半满管流量计的具体原理如下：

上述半满管 / 满管流量计具有如下特点：

◆ 通过空间分配的流速检测实现最高精度，流量测量误差小；

◆ 测量精度易于验证；

◆ 集成了液位测量；

◆ 集成诊断功能；

◆ 考虑沉淀物影响；

◆ 可以提供可视化的实际的断面流速；

◆ 支持 SCADA 系统；

◆ 可以使用电池 / 太阳能供电。

关于排水管网流量计的选择，请阅读本书"有问有答：如何选择排水管网流量计"（见 P318）。

建议根据后续污水处理厂或 CSO 处理厂对截流井限流阀的控制要求精度，选择合适的非满管流量计。

4.3 截流井的工作原理

◆ 晴天时，启动晴天模式，通向污水处理厂的限流阀 100% 打开，直接进入污水厂处理。

◆ 当开始降雨时，雨量计就会通过自动控制系统判断初期雨水的降雨量，开启雨天模式 [当无资料时，屋面弃流可采用 2 ~ 3 mm，地面弃流可采用 3 ~ 5 mm，或者自定义（根据地方来取值）]，让这部分初期雨水直接排到污水管道；当污水管道流量超过设定流量后，限流阀开始动作，控制进水污水厂的水量不超过设定值。

◆ 当截流井内液位超过设定液位后，截流设备自动启动，后期雨水直接通过雨水管进入自然水体；随着进水水量的增加，截流设备自动增加溢流量，以便确保管道内的水位不超过设定液位。

◆ 当截流设备溢流量达到最大值，而截流井内水位仍然持续上涨，并可能导致内涝时，系统将自动报警，提醒有关部门处置。

◆ 雨量计通过自动控制系统判断初雨结束后，控制最大流量控制闸门关闭，让后期雨水直接排入自然水体。

◆ 降雨结束后，当水位下降到晴天旱流量时，通过自动控制系统控制最大流量控制闸门开启，启动晴天模式。

4.4 总结

◆ 截流井是黑臭水体治理项目中的重要组成；

◆ 可以选择超声波液位计，测量截流井的前后液位差，利用巴歇尔槽的原理推算流量。此方法为间接测量法，测量精度不高，容易受外部因素影响；

◆ 也可以选择半满管流量计，采用直接和准确的流量测量法；

◆ 建议根据后续污水处理厂或 CSO 处理厂对截流井限流阀的控制要求精度，选择合适的非满管流量计。

排水管网和水体的流量和液位测量是水质测量行业的"痛点"、技术难点和关注热点。在与同行的线下沟通中，我们发现业界人员普遍对流量和液位的测量存在某些误区。为了系统地介绍排水管网及水体的流量和液位测量，NIVUS 的微信公众号每周将分别分享一篇典型案例、一篇技术分析、一篇产品简介、一篇拓展应用和一篇有问有答。

如有任何流量和液位测量的难题，可通过电话、微信或微信公众号留言联系我们，我们将在"有问有答"专栏回答大家关心的问题。

排水管网的液位和流速的波动大、杂质多、有毒有害气体多，导致影响流量和液位测量的因素多。当测量数据发生异常时，需要分析造成数据异常的原因，并提供可能的解决方案。

5.1 互相关流量计实时显示的 16 层数据

根据本书"有问有答：如何选择排水管网流量计"（见 P318）。互相关流量计可以过流断面的高度方向测量 16 层流速，获得实时的 16 层的平均流速的数据，并可以给客户提供实时的 16 层数据。

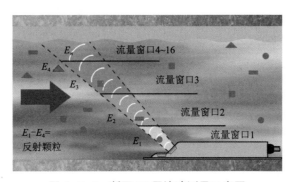

图 4-5-1　断面 16 层流速测量示意图

实际使用中，通常会发现显示的 16 层数据有时未能全部显示出来，见图 4-5-2。

Back		Gates		
	Position		v average	
1	0.058	m	0.034	m/s
2	0.122	m	0.028	m/s
3	0.195	m	0.031	m/s
4	0.279	m	0.027	m/s
5	0.372	m	0.030	m/s
6	0.477	m	0.037	m/s
7	0.598	m	0.047	m/s
8	0.734	m	0.043	m/s
9	0.890	m	0.040	m/s
10	1.063	m	0.049	m/s
11	1.272	m	0.061	m/s
12	1.511	m	-.--	m/s
13	1.789	m	0.054	m/s
14	2.119	m	0.095	m/s
15	2.501	m	0.136	m/s
16	2.945	m	0.016	m/s

图 4-5-2　16 层流速及液位示意

这种情况，通常是由这个高度位置的流体扰动造成的。可能的流体扰动包括流场波动、异物阻碍造成的旋流和外水入渗等。

5.2　识别流体的扰动

可以根据 NIVUS 互相关流量计提供实时的 16 层数据（包括液位和每层流速），绘制如图 4-5-3 所示的图形，在流动横截面的不同层中监测和显示多达 16 个流速，可以对得到的平均流速进行合理性检查，识别流体的扰动。

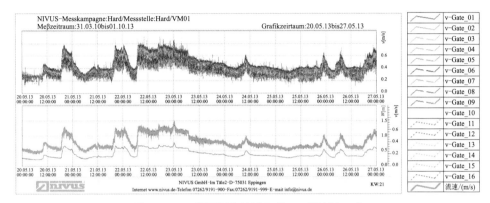

图 4-5-3　断面平均流速及其 16 层流速示意

6 回流污泥量的测量

图 4-6-1　好氧池回流污泥测量点

　　排水管网和水体的流量和液位测量是水质测量行业的"痛点"、技术难点和关注热点。在与同行的线下沟通中，我们发现业界人员普遍对流量和液位的测量存在某些误区。为了系统地介绍排水管网及水体的流量和液位测量，NIVUS 的微信公众号每周将分别分享一篇典型案例、一篇技术分析、一篇产品简介、一篇拓展应用和一篇有问有答。

　　如有任何流量和液位测量的难题，可通过电话、微信或微信公众号留言联系我们，我们将在"有问有答"专栏回答大家关心的问题。

互相关流量计和多普勒流量计一样，需要水中有气泡或固体颗粒作为反射物，才能进行测量。

多普勒流量计的测量精度受水中颗粒浓度影响，不适合污泥量的测量。

与多普勒流量计不同，互相关流量计的适用范围为 MLSS 5 ～ 40 g/L。因此，互相关流量计可以用于回流污泥量的测量。

6.1　应用场景

- DN 700 的不锈钢管；
- 满管；
- 测量点在伸缩管内。

6.2　测量要求

- 测量污泥量，以监测和控制二沉池中的污泥排放量；
- 唯一进入流体的可能是可垂直伸缩的伸缩管；
- 免维护运行，保证流量测量不准确性＜ 5%；
- 实施时，无须进行重大改建措施。

6.3　测量要求

- 杆式互相关流量测量系统；
- 完全潜水的 IP68 传感器 POA 安装在伸缩管的顶部；
- 可实现精确的流量剖面测量。即使 MLSS 含量达到 4%，也不影响流量测量精度。

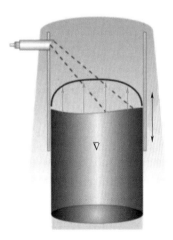

图 4-6-2　回流污泥流量计的安装位置示意

6.4 优点

- ◆ 轻松且经济高效地升级；
- ◆ 高可靠性和可重复性；
- ◆ 对污染不敏感；
- ◆ 免维护。

图 4-7-1　含油脂的热污泥流量测量现场

> 排水管网和水体的流量和液位测量是水质测量行业的"痛点"、技术难点和关注热点。在与同行的线下沟通中，我们发现业界人员普遍对流量和液位的测量存在某些误区。为了系统地介绍排水管网及水体的流量和液位测量，NIVUS 的微信公众号每周将分别分享一篇典型案例、一篇技术分析、一篇产品简介、一篇拓展应用和一篇有问有答。
>
> 如有任何流量和液位测量的难题，可通过电话、微信或微信公众号留言联系我们，我们将在"有问有答"专栏回答大家关心的问题。

互相关流量计和多普勒流量计一样，需要水中有气泡或固体颗粒作为反射物，才能进行测量。

多普勒流量计的测量精度受水中颗粒浓度影响，不适合污泥量的测量。

与多普勒流量计不同，互相关流量计的适用范围为 MLSS 5 mg/L ～ 40 g/L。因此，互相关流量计可以用于流动状态的污泥量的测量。

7.1 应用场景

- DN 150 不锈钢管；
- 满管；
- 含油脂的热污泥；
- 干物质含量最高达到 30 g/L。

7.2 测量要求

- 持续测量来自污泥消化罐的经过热交换器的污泥；
- 消化污泥含油脂；
- 要求测量数据稳定、高精度、维护工作量小。

7.3 解决方案

- 使用 NFP 互相关流量计进行流量测量；
- 插入式互相关流量计，传感器耐热 50 ℃；
- 仅需在现有的不锈钢管上钻一个孔，并焊接一个安装件；调节并固定流速传感器。

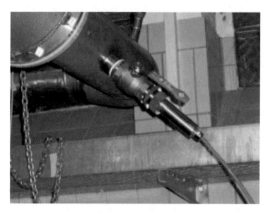

图 4-7-2　含油脂的热污泥流量传感器的安装

7.4 安装配件

我们为不同管径和材质的管道，提供不同的安装附件。

图 4-7-3 适用于 DN 100 ～ 400 的攻丝鞍座

图 4-7-4 适用于 DN 400 ～ 1000 的攻丝鞍座

图 4-7-5 焊接喷嘴

7.5 优点

- ◆ 高可靠性和可重复性，高精度测量；
- ◆ 传感器可以耐受 50℃的高温；
- ◆ 传感器对油脂和油不敏感；
- ◆ 可简便快速地改造到现有系统；
- ◆ 传感器表面不长微生物膜，即使在严重污染区域也能保证测量的高精度和可靠性；
- ◆ 免维护。

用于 0 % ～ 100% 满管测量 的多普勒流量计安装件 8

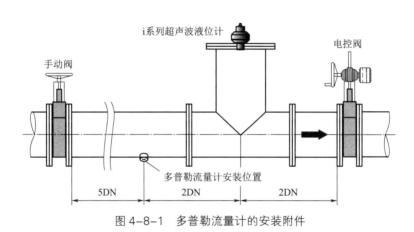

图 4-8-1　多普勒流量计的安装附件

　　排水管网和水体的流量和液位测量是水质测量行业的"痛点"、技术难点和关注热点。在与同行的线下沟通中，我们发现业界人员普遍对流量和液位的测量存在某些误区。为了系统地介绍排水管网及水体的流量和液位测量，NIVUS 的微信公众号每周将分别分享一篇典型案例、一篇技术分析、一篇产品简介、一篇拓展应用和一篇有问有答。

　　如有任何流量和液位测量的难题，可通过电话、微信或微信公众号留言联系我们，我们将在"有问有答"专栏回答大家关心的问题。

NIVUS 为多普勒流量计提供了 0% ～ 100% 满管的流量测量的解决方案。

8.1　应用场景

◆ 采用插入式杆式多普勒流量计；

◆ DN 200 ～ 1200 的 0% ～ 100% 满管的流量测量；

◆ 在满足平直段要求情况下，流量测量误差在 ±15% 以内。

8.2 解决方案

◆ 使用"插入式多普勒流量计 + 超声波液位计"的组合测量；

◆ 仅需在钢管上钻一个孔，并焊接一个安装件；

◆ OCM F 超声波多普勒变送器可以直接控制电控阀。

8.3 安装件

安装件的材质为碳钢，热浸镀锌，根据 DIN 2 632；

或者 V4A 不锈钢制成（材料 1.4571）类似于 DIN 2 576，厚度减小（b
= 20 mm）。

有关尺寸见图 4-8-2。

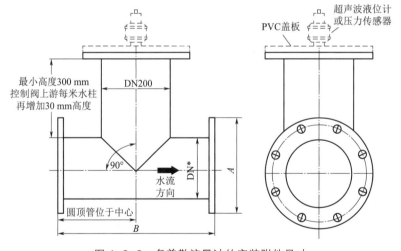

图 4-8-2　多普勒流量计的安装附件尺寸

8.4 优点

◆ 由于变送器集成了具有浪涌测量功能的 3 步控制器，因此在控制柜中
无须安装额外的控制器；

◆ 传感器的安装允许测量为 0% ～ 100% 满管（完全充满）的流量测量；

◆ OCM F 多普勒变送器可以直接控制电动阀；

◆ 在 DN 200 ～ 1200 范围内，流量测量误差＜ ±15%。

图 4-8-3　多普勒流量计的安装件

污水处理厂进水水量的校核

图4-9-1 污水处理厂进水管现场

　　排水管网和水体的流量和液位测量是水质测量行业的"痛点"、技术难点和关注热点。在与同行的线下沟通中，我们发现业界人员普遍对流量和液位的测量存在某些误区。为了系统地介绍排水管网及水体的流量和液位测量，NIVUS 的微信公众号每周将分别分享一篇典型案例、一篇技术分析、一篇产品简介、一篇拓展应用和一篇有问有答。

　　如有任何流量和液位测量的难题，可通过电话、微信或微信公众号留言联系我们，我们将在"有问有答"专栏回答大家关心的问题。

　　污水处理厂的进水管通常为非满管，液位波动大，杂质多。

　　目前，污水处理厂都用提升泵站之后的电磁流量计或出口流量计进行计量。电磁流量计需要定期校核，但目前并没有合适的对运行中的电磁流量计校核的手段。

　　我们也接到越来越多的关于污水厂流量测量的需求，如：

- 对于污水厂，如何解决进出水流量计不平衡的问题？
- 对于政府监管部门，如何核算污水处理厂的实际处理能力？

　　今天用一个案例介绍污水处理厂实际进水水量的测量和校核方法。

9.1　应用场景

- 污水处理厂总进口，DN1500；
- 非满管，有极低液位出现，液位波动大；
- 要求流量测量误差＜ ±3%。

9.2　解决方案

- 使用 "POA 互相关传感器 +OCL 空气超声波" 的组合测量；
- 管道内部安装：顶部为 OCL 空气超声波，底部为 POA 互相关传感器；
- NF750 变送器直接安装在电控柜内，实时上传测量数据。

图 4-9-2　电控柜和变送器现场

9.3 传感器

POA 互相关传感器和 OCL 空气超声波传感器，见图 4-9-3。

空气超声波

互相关传感器

图 4-9-3　污水厂总进水管传感器安装位置

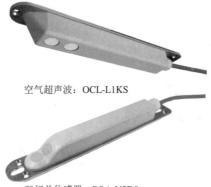

空气超声波：OCL-L1KS

互相关传感器：POA-V2D0

图 4-9-4　现场安装传感器示意

9.4 优点

- 满足 0% ～ 100% 满管的流量测量；

- 可以根据实时上传的数据分析，发现异物覆盖等异常情况；

- 流量测量误差 < ±3%。

10 取代倒虹吸电磁流量计的箱涵流量测量

图 4-10-1　箱涵内安装浮板互相关流量计的现场

　　　排水管网和水体的流量和液位测量是水质测量行业的"痛点"、技术难点和关注热点。在与同行的线下沟通中，我们发现业界人员普遍对流量和液位的测量存在某些误区。为了系统地介绍排水管网及水体的流量和液位测量，NIVUS 的微信公众号每周将分别分享一篇典型案例、一篇技术分析、一篇产品简介、一篇拓展应用和一篇有问有答。

　　　如有任何流量和液位测量的难题，可通过电话、微信或微信公众号留言联系我们，我们将在"有问有答"专栏回答大家关心的问题。

排水箱涵的流量测量是排水管网流量测量的难题之一。

有的项目，采用"倒虹吸管 + 电磁流量计"的流量测量系统，实际运行中问题比较多。

今天，我们介绍如何用浮板式安装的互相关流量计，进行箱涵的流量测量。

10.1　应用场景

- 矩形混凝土箱涵，尺寸为 2 500 mm×2 500 mm（宽 × 高）；
- 部分充满；
- 现状设计了渠道挡板、倒虹吸管和 DN 800 电磁流量计，用于箱涵的流量测量。

10.2　测量任务

现有的渠道挡板、倒虹吸管和 DN 800 电磁流量计流量测量系统的测量任务如下：

- 容易沉积污泥，不能在低流速下测量；
- 在蓄水和紧急排放时仅测量到部分流量，大部分流量通过挡板外溢；
- 需要更换现有流量测量系统。

新的流量测量系统的要求如下：

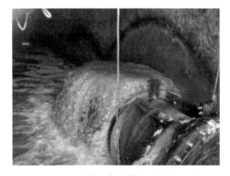

图 4-10-2　箱涵内安装电磁流量计现场

- 可以测量极低至极高的流速；
- 高可靠性的流量测量系统，不会形成回水和气溶胶；
- 底部沉积的污泥，不影响流量测量。

10.3　解决方案

- 箱涵顶部内安装有浮板；
- 浮板包含一组 NIVUS 互相关流速传感器并浸入水中，基于互相关原

理测量过水断面的速度分布;

- 浮板底部安装的互相关流量计,可以同步测量瞬时流速、液位、污泥界面,并自动扣除污泥界面对过流断面面积的影响;
- 采用浮板安装后,流量测量误差< ±5%。

10.4 优点

- 箱涵的渠道中不产生回水;
- 没有气溶胶导致的令人不快的气味;
- 箱涵的渠道底部,不会因产生污泥沉积而影响安装流量计;
- 在非常低流速和最大流速下都能达到高精度。

图 4-11-1　大坝的现场

　　排水管网和水体的流量和液位测量是水质测量行业的"痛点"、技术难点和关注热点。在与同行的线下沟通中，我们发现业界人员普遍对流量和液位的测量存在某些误区。为了系统地介绍排水管网及水体的流量和液位测量，NIVUS 的微信公众号每周将分别分享一篇典型案例、一篇技术分析、一篇产品简介、一篇拓展应用和一篇有问有答。

　　如有任何流量和液位测量的难题，可通过电话、微信或微信公众号留言联系我们，我们将在"有问有答"专栏回答大家关心的问题。

大坝的渗透水测量，越来越受到水利行业的关注。

今天，我们介绍如何用插入式杆式互相关流量计，进行大坝渗透水的流量测量。

11.1 应用场景

◆ 大坝有 130 年历史，长 500 m；

◆ 检查渗透水的渠道位于大坝内部，100% 湿度，渗透水量从 mL/s 至 L/s；

◆ 目前渗透水每周手动统计一次。

11.2 测量任务

◆ 监测大坝的渗透水情况；

◆ 测量大坝廊道内小流量的渗透水，以便随着渗透水量的增加对大坝破损处进行连续监测和预警；

◆ 在 100％ 湿度的大坝内部安装传感器；

◆ 持续评估流量，并在坝区外距离约为 1 000 m 的控制柜内进行监控。

11.3 解决方案

图 4-11-2 大坝的内部实景

◆ 使用 NF750 杆式传感器的互相关流量测量系统；

◆ 这些少量的渗透水将被汇集到 DN 100 的管道。互相关管道传感器将在毫米级范围内测量该全充满的管道中非常低的流速；

◆ 现场防水安装的 MPX 前置放大器将流量信号传输到 1 000 m 外的变送器。

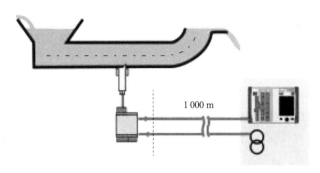

图 4-11-3　传感器的安装示意

11.4　优点

- ◆ 将测量信号安全传输至 1 000 m 外的变送器；
- ◆ 对旧结构进行永久性监控，确保生活在大坝后面居民的安全；
- ◆ 在非常低流速和最大流速下都能达到高精度。

12 通过安装挡板测量较小的流量

图 4-12-1　安装挡板排口实景

排水管网和水体的流量和液位测量是水质测量行业的"痛点"、技术难点和关注热点。在与同行的线下沟通中，我们发现业界人员普遍对流量和液位的测量存在某些误区。为了系统地介绍排水管网及水体的流量和液位测量，NIVUS 的微信公众号每周将分别分享一篇典型案例、一篇技术分析、一篇产品简介、一篇拓展应用和一篇有问有答。

如有任何流量和液位测量的难题，可通过电话、微信或微信公众号留言联系我们，我们将在"有问有答"专栏回答大家关心的问题。

在某些重力管的应用场景中，当由于管道内排放量较小使得管道液位较低时，NIVUS 建议使用安装挡板的方式测量这样的小流量。

12.1 应用场景

- DN 400 不锈钢管；
- 部分充满；
- 只有较短的测量段；
- 较低的夜间排放量。

12.2 测量任务

- 完成排放量的测量，以取代现有的测量系统，并节省成本；
- 夜间最小流量的可靠和准确测量；
- 要求低成本的安装方式。

12.3 解决方案

- 采用 NF750 互相关流量计完成测量；
- 排水管保持不变，可立即作为测量的一部分；
- 通过管道安装系统安装集成了压力测量单元的流速传感器，用于液位测量；
- 为了记录小流量而安装了一个挡板，挡板始终营造出一个最低液位。

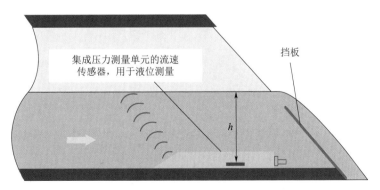

图 4-12-2 挡板和传感器的安装示意

12.4　优点

◆ 无须进行设备改造；

◆ 设备安装无须钻孔；

◆ 实现夜间排放和雨天排放之间的高动态测量。

图 4-13-1　泄洪口的现场

　　排水管网和水体的流量和液位测量是水质测量行业的"痛点"、技术难点和关注热点。在与同行的线下沟通中，我们发现业界人员普遍对流量和液位的测量存在某些误区。为了系统地介绍排水管网及水体的流量和液位测量，NIVUS 的微信公众号每周将分别分享一篇典型案例、一篇技术分析、一篇产品简介、一篇拓展应用和一篇有问有答。

　　如有任何流量和液位测量的难题，可通过电话、微信或微信公众号留言联系我们，我们将在"有问有答"专栏回答大家关心的问题。

13.1　项目背景

◆ 混凝土通道，尺寸为 6 000 mm×3 500 mm（宽 × 高）；

- 部分充满；

- 3 个平行的通道；

- 流量动态特性非常高，单个通道流量可达 82 000 L/s。

13.2 测量要求

- 记录一条欧洲主要河流的泄洪口的流量；

- 监控泄洪容积的利用情况（泄洪面积为 580 hm² 时，对应 12 000 000 m³ 容积），以减少洪水灾害；

- 高动态、免维护测量，对沉积不敏感。

13.3 解决方案

- 使用 3 套 NF750 互相关流量计的流量系统，每套流量系统都配套 3 组互相关流速传感器；

- 为了获得更高的测量精度，流速传感器根据校准的水力模型排列布置；

- 为了防止传感器被河流沉积物淤塞，给流速传感器安装防护罩。

图 4-13-2 泄洪口内安装流速传感器的现场

13.4 优点

- ◆ 在现有构筑物中低成本地安装；

- ◆ 快速简便的操作；

- ◆ 高精度，高可靠性。

14 水库入口的流量测量

图4-14-1　水库的现场

　　排水管网和水体的流量和液位测量是水质测量行业的"痛点"、技术难点和关注热点。在与同行的线下沟通中，我们发现业界人员普遍对流量和液位的测量存在某些误区。为了系统地介绍排水管网及水体的流量和液位测量，NIVUS的微信公众号每周将分别分享一篇典型案例、一篇技术分析、一篇产品简介、一篇拓展应用和一篇有问有答。

　　如有任何流量和液位测量的难题，可通过电话、微信或微信公众号留言联系我们，我们将在"有问有答"专栏回答大家关心的问题。

14.1　项目背景

- 过流断面为特殊轮廓，尺寸为 2 500×2 000 mm（宽 × 高）；
- 部分充满；
- 由天然石材和混凝土制成的通道；
- 高流量动态。

14.2　测量要求

- 水库入口的计量监测，用于调节水量和水资源管理；
- 测量系统必须确保可靠处理高流量动态，从极低的流入量到最大高达 2 000 L/s 的流量。

14.3　解决方案

- 使用 NF750 互相关流量计进行流量测量，单独的两线制超声波传感器用于液位测量；
- 为了布置流速传感器，并防止通道底部的涡流，传感器应安装在不锈钢板上。

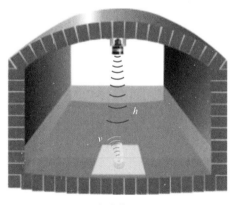

图 4-14-2　流速传感器的安装示意

14.4 优点

◆ 通过变送器中操作优化过的程序结构，可对特殊过流断面进行简单编程，获得高精度的过流断面形状；

◆ 通过与测量点相适应的互相关流速传感器技术，实现高动态测量和高精度测量。

图 4-15-1　工业冷却水渠道的现场

　　排水管网和水体的流量和液位测量是水质测量行业的"痛点"、技术难点和关注热点。在与同行的线下沟通中，我们发现业界人员普遍对流量和液位的测量存在某些误区。为了系统地介绍排水管网及水体的流量和液位测量，NIVUS 的微信公众号每周将分别分享一篇典型案例、一篇技术分析、一篇产品简介、一篇拓展应用和一篇有问有答。

　　如有任何流量和液位测量的难题，可通过电话、微信或微信公众号留言联系我们，我们将在"有问有答"专栏回答大家关心的问题。

15.1　项目背景

- 矩形渠道，尺寸为 20 000 mm×5 000 mm（宽 × 高）；
- 部分充满；

◆ 混凝土墙和混凝土底部;

◆ 氧含量最高达 10 mg/L,介质中有温度分层;

◆ 高流量动态。

15.2 测量要求

◆ 确定多个大型工业装置冷却所需的冷却水水量,以达到热平衡的目的;

◆ 可在运行时安装,无须潜水员;

◆ 由于存在沉积风险,不允许在渠道底部安装传感器。

15.3 解决方案

◆ 采用超声波时差法的 NF650 型流量测量系统;

◆ 交叉的四声道除了系统,还可提供高测量精度和准确度;

◆ 在通道壁上安装棒式传感器,可轻松安装,校准和维护。

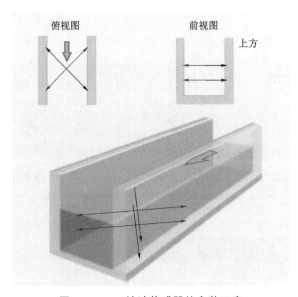

图 4-15-2 流速传感器的安装示意

15.4　优点

◆ 整个设备可在短时间内快速安装，无须潜水员；

◆ 测量系统的高精度和高可靠度。

图 4-16-1　矿渣渠道流量计安装现场

　　排水管网和水体的流量和液位测量是水质测量行业的"痛点"、技术难点和关注热点。在与同行的线下沟通中，我们发现业界人员普遍对流量和液位的测量存在某些误区。为了系统地介绍排水管网及水体的流量和液位测量，NIVUS 的微信公众号每周将分别分享一篇典型案例、一篇技术分析、一篇产品简介、一篇拓展应用和一篇有问有答。

　　如有任何流量和液位测量的难题，可通过电话、微信或微信公众号留言联系我们，我们将在"有问有答"专栏回答大家关心的问题。

16.1 项目背景

- 混凝土箱涵，尺寸为 800 mm × 1 000 mm（宽 × 高）；
- 部分充满；
- 高比例的边缘锋利的矿渣，有部分沉淀风险；
- 高流速。

16.2 测量要求

- 无磨损测量系统；
- 简便安装。

16.3 解决方案

- 由于部分高比例的矿渣易造成磨损，因此选择了 NF550+OFR 型非接触式雷达流量计进行流量测量；
- 高流速确保形成几乎与流速成比例的表面水波速度，这可以由测量系统顺利测量；
- 由于操作对精度要求较低，因此无须校准测量。

图 4-16-2　矿渣渠道传感器的安装示意

16.4 优点

◆ 安装简便；

◆ 免维护，无磨损；

◆ 随时方便地进行清洁。

第五章 有问有答 ◀《

1 如何选择排水管网流量计

图 5-1-1 排水管网检查井溢流现场

　　排水管网和水体的流量和液位测量是水质测量行业的"痛点"、技术难点和关注热点。在与同行的线下沟通中，我们发现业界人员普遍对流量和液位的测量存在某些误区。为了系统地介绍排水管网及水体的流量和液位测量，NIVUS 的微信公众号每周将分别分享一篇典型案例、一篇技术分析、一篇产品简介、一篇拓展应用和一篇有问有答。

　　如有任何流量和液位测量的难题，可通过电话、微信或微信公众号留言联系我们，我们将在"有问有答"专栏回答大家关心的问题。

问题：NIVUS 微信公众号上这么多流量测量相关文章，我们到底应该怎样选择排水管网的流量计？

回复：排水管网流量计，可以从如下几个方面进行分析，选择合适的传感器种类、数量和安装方式。

1.1 固定安装还是便携式安装

固定安装：供电方便、变送器可以安装在地面上的情况，可以选择 NIVUS 固定安装，比如排水泵站附近。

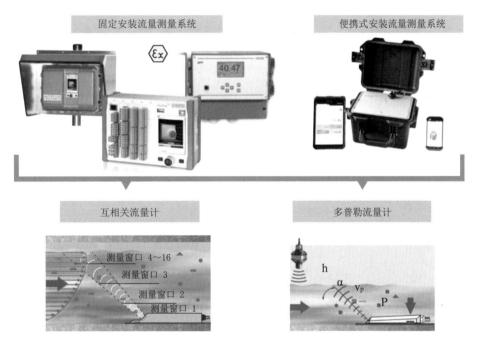

图 5-1-2 不同安装方式和传感器类型的选择

便携式安装：通常的排水管网的应用场景，无市电，无法在地面上安装 NIVUS 变送器；这种应用场景下，建议选择便携式安装。

1.2 测量点的技术要求

排水管网测量条件复杂，有些测量位置适合进行流量测量，有些测量位置不适合测量。对于不同的位置，可以选择 NIVUS 多普勒流量计或 NIVUS 互相关流量计，以便控制预算。

表 5-1-1　排水管网流量计的选择原则

编号	测量点的要求		流量计选择	
1	适合流量测量的位置	适合测量的位置	多普勒流量计，通常流量测量误差在±10%以上	互相关流量计通常流量测量误差±（1~3）%
2		过流断面不大		
3		稳定的对称流		
4		足够长的平直段		
5		不受干扰的重力流		
6	不适合流量测量的位置	断面尺寸比较大，比如 DN 1000 以上		
7		跌水		
8		断面尺寸变化		
9		堰、转弯、超临界流段等的下游		
10		回水（逆流）		
11		坡度过小导致的泥沙沉积		
12	测量精度要求低	测量精度要求不高（测量误差>±10%以上），或者只需要查看流量变化趋势	多普勒流量计	
13	测量精度要求高	需要高精度的要求，入流入渗量的测量		互相关流量计

1.3 管道材质、形式和安装方式

根据不同的管径和材质，可以选择不同的安装方式，以及对应不同的NIVUS 流量计，具体见表 5-1-2。

表 5-1-2 根据管径、材质等选择不同安装方式

编号	管径	管道或箱涵的材质	涨圈	杆式传感器插入式安装	L 杆	NPP 互相关管道断面流量仪	内部安装附件
1	DN 150 ~ 600	HDPE	×	√	√	√	×
2		混凝土	√	√	√	√	×
3		钢管	√	√	√	√	×
4		球墨铸铁	√	√	√	√	×
5	DN 600 ~ 2000	HDPE	×	√	√	×	×
6		混凝土	√	√	√	×	√
7		钢管	√	√	√	×	√
8		球墨铸铁	√	√	√	×	√
9	DN 2000 以上	混凝土	×	√	√	×	√
10		钢管	×	√	√	×	√
11		球墨铸铁	×	√	√	×	√
12	各种尺寸的箱涵	混凝土	×	√	√	×	√

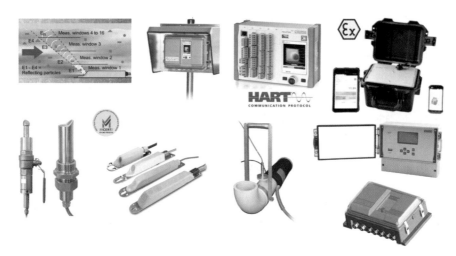

图 5-1-3　全系列互相关流量计的示意

1.4　流速传感器的数量

据管道或者箱涵的尺寸及测量精度要求，选择不同的 NIVUS 流速传感器种类和数量。具体见表 5-1-3。

表 5-1-3　排水管网尺寸、测量精度要求和流量计的选择

编号	管径或箱涵尺寸	测量精度要求	多普勒流量计		NPP 互相关管道断面流量仪		互相关流量计	
			流速传感器种类	数量	流速传感器种类	数量	流速传感器种类	数量
1	DN 150 ~ 600，满管 / 非满管	< ±2%	×	×	√	1	×	×
2		< ±3%	×	×	√	1	CSM	1
3		± (10 ~ 15) %	KDA	1	√	1	CSM	1
4	DN 600 ~ 1000，满管 / 非满管	< ±3%	×	×	×	×	CSP	1
5		± (10 ~ 15) %	KDA	1	×	×	CSP	1

续表

编号	管径或箱涵尺寸	测量精度要求	多普勒流量计		NPP 互相关管道断面流量仪		互相关流量计	
			流速传感器种类	数量	流速传感器种类	数量	流速传感器种类	数量
6	DN 1000 ～ 2000，满管 / 非满管	< ±3%	×	×	×	×	CSP	1
7		±（10 ～ 15）%	×	×	×	×	CSP	1
8	DN 2000 以上，满管 / 非满管	< ±3%	×	×	×	×	CSP	根据尺寸和平直段长度确认数量
9		±（10 ～ 15）%	×	×	×	×	CSP	
10	1 000 mm × 1 000 mm 以内箱涵，满管 / 非满管	< ±3%	×	×	×	×	CSP	1
11		±（10 ～ 15）%	KDA	1	×	×	CSP	1
12	1 000 mm × 1 000 mm 以上箱涵，满管 / 非满管	< ±3%	×	×	×	×	CSP	根据尺寸和平直段长度确认数量
13		±（10 ～ 15）%	×	×	×	×	CSP	

2 排水渠道和箱涵如何进行流量测量?

图 5-2-1　排水管网安装流量计的现场照

　　排水管网和水体的流量和液位测量是水质测量行业的"痛点"、技术难点和关注热点。在与同行的线下沟通中,我们发现业界人员普遍对流量和液位的测量存在某些误区。为了系统地介绍排水管网及水体的流量和液位测量,NIVUS 的微信公众号每周将分别分享一篇典型案例、一篇技术分析、一篇产品简介、一篇拓展应用和一篇有问有答。

　　如有任何流量和液位测量的难题,可通过电话、微信或微信公众号留言联系我们,我们将在"有问有答"专栏回答大家关心的问题。

　　问题:排水渠道和箱涵如何进行流量测量?

　　回复:可以从以下几个角度分析,进行排水渠道和箱涵的流量测量方法的选择。

2.1 测量精度要求

排水渠道和箱涵的水质通常较差，悬浮物浓度高，不宜采用超声波时差法流量计进行测量。

当测量精度要求不高时（流量测量误差 ±10% ～ 15%），在排水渠道和箱涵的宽度和高度都是 1 m 以内，可以选择超声波多普勒流量计。

当要求流量测量误差< ±3% 时，无论排水渠道和箱涵的尺寸多大，都应该选用超声波互相关流量计。

2.2 箱涵的尺寸

互相关有不同的型号，对应不同的信号穿透深度和测量盲区。

表 5-2-1　不同传感器的测量盲区和信号穿透深度

编　号	传感器型号	h-crit/cm	信号穿透深度 /m
1	CS2 或 CSP	8.00	< 5.00
2	POA	4.50	< 2.00
3	CSM	3.00	< 0.80

对于宽度大于 1 m 的排水渠道和箱涵，要考虑多组传感器的组合测量。如图 5-2-2 所示，5 组互相关传感器的组合测量，解决大断面的排水渠道的高精度流量测量。

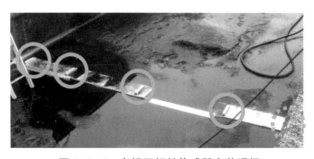

图 5-2-2　多组互相关传感器安装现场

　　5 组传感器的组合测量，每个传感器负责一部分区域的测量；5 组传感器测量结果的叠加，可以得到一张动态的整个过流断面的流场分布图，以及高精度的流量测量结果。

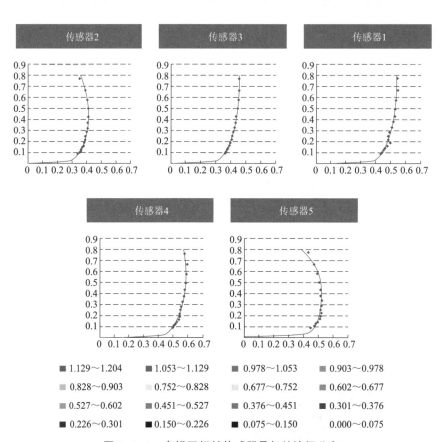

图 5-2-3　多组互相关传感器叠加的流场分布

2.3 传感器的安装

如果排水渠道和箱涵底部的污泥高度不高且变化不大，可以采用楔形底座在底部进行安装。

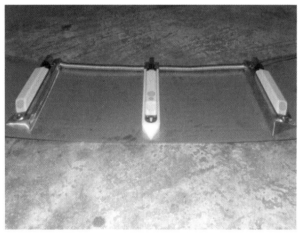

图 5-2-4 多组楔形底座互相关传感器实物

如果排水渠道和箱涵底部的污泥高度高、水深超过 5 m，可以考虑在渠道和箱涵的侧壁安装。

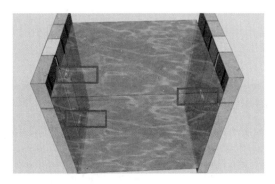

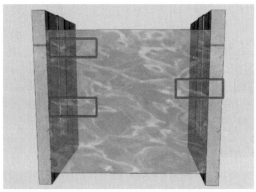

图 5-2-5　多组互相关传感器的侧壁安装方式

2.4　测量点的安装

测量点的安装位置及前后平直段长度，与传感器的种类、数量和安装方式有关。

互相关流量计的"互相关"是指什么？ **3**

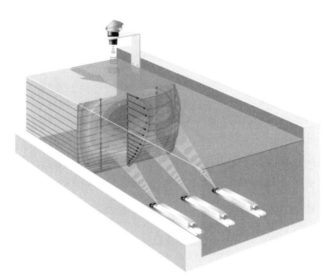

图 5-3-1　多组传感器的断面流速扫描示意

　　排水管网和水体的流量和液位测量是水质测量行业的"痛点"、技术难点和关注热点。在与同行的线下沟通中，我们发现业界人员普遍对流量和液位的测量存在某些误区。为了系统地介绍排水管网及水体的流量和液位测量，NIVUS 的微信公众号每周将分别分享一篇典型案例、一篇技术分析、一篇产品简介、一篇拓展应用和一篇有问有答。

　　如有任何流量和液位测量的难题，可通过电话、微信或微信公众号留言联系我们，我们将在"有问有答"专栏回答大家关心的问题。

　　问题：请解释互相关流量计的"互相关"是什么意思？
　　回复：为了方便理解，可以从以下角度进行解释。

3.1 测量原理

NIVUS 互相关流量计基于超声波互相关原理而非多普勒效应，传感器连续扫描水中多个颗粒或气泡，反射信息存储为图像，基于频率特征的粒子识别，根据脉冲重复频率确定两个脉冲之间的 T_{PRF} 时差 Δt，根据这个时间差和距离间隔得到颗粒或气泡的运动速度，从而得到这个点的流速（见图 2-1-4）。

3.2 更形象的说明

可以把超声波互相关流量计想象成超声波相机：互相关流量计可以记录超声波束内的水平和垂直方向多个颗粒或气泡，如同测量"颗粒云"，以毫秒为单位的超声波图像的取样，并在几毫秒内对颗粒或气泡进行比较，即两张照片的比对。

3.3 互相关流量计的测量范围

互相关流量计的实际测量范围是传感器盲区至表面水流的扰动段之间的 16 层流速，也就是实际测量（图 5-3-2）中绿色部分的 16 层流速；而每层可以同步多个颗粒或气泡，实际测量的颗粒或气泡的数量是 $16 \times N$。

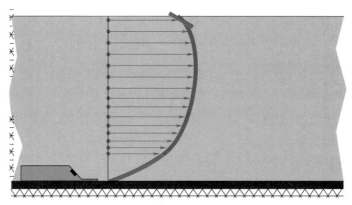

图 5-3-2　断面多层流速测量示意图

再通过数学模型，将传感器盲区和顶部的表面水流的扰动段的流速分布图拟合出来。

3.4　不同流量计的测量结果

超声波多普勒流量计实际为点流速仪，可以较为精确地测量过流断面中某个点的流速，但无法感知这个点的具体位置。由测量的点流速，再根据多普勒流量计内置的流速分布图，拟合出整个断面的平均流速。

互相关流量计实际测量整个断面的 $16 \times N$（而不仅仅是某一个颗粒）的颗粒或气泡的运动速度，并可以得到实际的断面流场分布图（图5-3-3）。

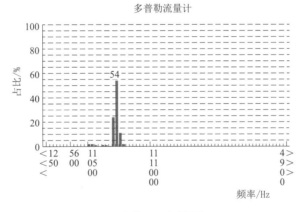

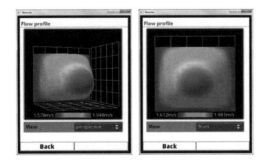

图5-3-3　多普勒流量计和互相关流量计的对比

3.5 互相关流量计的优点

- ◆ 在过流断面上（根据水位高低）最多同步测量 16 层流速，每层可以同步多个颗粒或气泡，实际测量的颗粒或气泡的数量是 $16 \times N$；
- ◆ 测量实际流速而不是根据提前预设的流场分布图而拟合的值；
- ◆ 无须对互相关流量计进行校准；
- ◆ 通常，无须数据二次处理（即数据清洗）；
- ◆ 在复杂条件下具有极高的测量精度。

如何降低排水管网中污泥沉积对流量测量精度的影响?

4

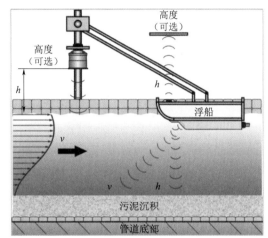

图 5-4-1 同步测量流速和污泥界面高度的示意

排水管网和水体的流量和液位测量是水质测量行业的"痛点"、技术难点和关注热点。在与同行的线下沟通中,我们发现业界人员普遍对流量和液位的测量存在某些误区。为了系统地介绍排水管网及水体的流量和液位测量,NIVUS 的微信公众号每周将分别分享一篇典型案例、一篇技术分析、一篇产品简介、一篇拓展应用和一篇有问有答。

如有任何流量和液位测量的难题,可通过电话、微信或微信公众号留言联系我们,我们将在"有问有答"专栏回答大家关心的问题。

问题:排水管网底部通常都有污泥沉积。污泥沉积是否会影响流速和流量的测量,如何降低这种影响?

回复:通过预设污泥界面高度来降低污泥沉积的影响,或使用浮船方式安装带有水中超声波的互相关流量计,可以精确测量污泥高度。

4.1　排水管网沉积污泥对流速和流量测量结果的影响

超声波互相关法流量计和超声波多普勒流量计均为速度－面积法流量计（见图 2-1-3）。

速度－面积法流量计需要测量两个基本参数：平均流速和过流面积。采用以下通用计算公式：

$$Q = v_{平均} \cdot A$$

◆ 排水管网底部容易沉积污泥。沉积污泥高度的变化，会影响过流断面的有效高度。

◆ 污泥界面高度的变化，会导致过流断面的流场分布图的变化。

◆ 多普勒流量计实际为点流速仪，需要根据预设的流场分布图计算整个断面的平均流速；这种污泥界面高度变化导致的过流断面的流场分布图的变化，会影响多普勒流量计的流速测量精度。

◆ 互相关流量计是实际测量 $16 \times N$ 个点的流速；这种污泥界面高度变化导致的过流断面的流场分布图的变化，不会影响互相关流量计的流速测量精度。

◆ 沉积污泥高度的变化会影响过流面积；对互相关流量计和多普勒流量计的流量测量精度均会产生影响。

表 5-4-1　污泥界面波动对不同流量计的影响

编号	影响因素	潜在的影响	
		超声波多普勒流量计	超声波互相关流量计
1	污泥界面波动对过流断面的液位测量结果的影响	√	√
2	污泥界面波动对过流断面的面积测量结果的影响	√	√
3	污泥界面波动对过流断面流速的测量结果的影响	√	×
4	污泥界面波动对过流断面的流量测量结果的影响	√	√

4.2　降低影响的方法

4.2.1　污泥界面稳定的非满管

在正常情况下，排水管网的污泥界面高度是稳定的。可以预先设定污泥界面高度。这样，系统可以自动扣除污泥界面。

当现场情况发生变化，如上游带来大量污泥时，需要及时调整污泥高度的设置参数。

4.2.2　污泥界面不稳定的非满管

当管网内的污泥界面不稳定，且有浮板／浮船的安装空间时，可以用浮板／浮船式的安装。这时，使用带有水中超声波的互相关流量计，可以自动扣除污泥界面高度，获得高精度的过流断面的面积，从而获得高精度的流量值。

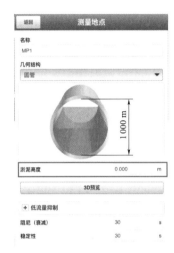

图 5-4-2　稳定污泥界面高度的设定界面

4.2.3　满管

在满管情况下，使用安装在管道顶部的带有水中超声波的互相关流量计，可以自动扣除污泥界面高度，获得高精度的过流断面的面积，从而获得高精度的流量值。

NFM750 便携式互相关流量计的能耗管理和电池供电时间

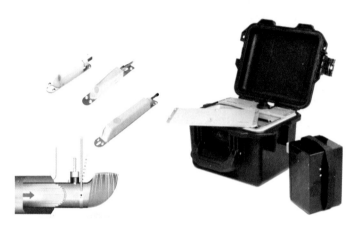

图 5-5-1　便携式互相关流量计设备组成示意

　　排水管网和水体的流量和液位测量是水质测量行业的"痛点"、技术难点和关注热点。在与同行的线下沟通中，我们发现业界人员普遍对流量和液位的测量存在某些误区。为了系统地介绍排水管网及水体的流量和液位测量，NIVUS 的微信公众号每周将分别分享一篇典型案例、一篇技术分析、一篇产品简介、一篇拓展应用和一篇有问有答。

　　如有任何流量和液位测量的难题，可通过电话、微信或微信公众号留言联系我们，我们将在"有问有答"专栏回答大家关心的问题。

　　问题： NFM750 便携式互相关流量计的能耗是多少？如何保证电池的供电时间？

　　回复： 设备能耗取决于数据的采集与上传间隔，可通过"周期性＋事件测量"的方式进一步省电。

5.1 NFM750 的能耗管理方式

1 套 NFM750 互相关流量计，包含 1 组流速、水中超声波和压力传感器的组合流速传感器及 1 组 i 系列超声波液位计。这样组合的典型运行功率为 14 W。

使用多个组合流速传感器时，组合流速传感器是以串行方式进行控制的，因此不会同时激活多个流速传感器。因此，多个组合流速传感器同步测量时，整个系统的运行功率不会增加很多，只需要增加一点点功耗（1 W）。具体见表 5-5-1。

表 5-5-1　NFM750 的能耗管理模式

| 编号 | 变送器 1 组 NFM750 | 组合流速传感器，含流速传感器、水中超声波和压力传感器 | | | i 系列超声波液位计 | OCL 空气超声波 | 系统运行功率 /W |
		1 组	2 组	3 组			
1	√	√			√		14.00
2	√	√				√	14.00
3	√		√		√		15.00
4	√		√			√	15.00
5	√			√	√		16.00
6	√			√		√	16.00

5.2 正常情况下 NFM750 的电池供电时间

基于极低设备功耗和优秀的能耗管理模式：

◆ 在测量间隔 5 分钟，发送间隔 24 小时，NFM750 电池供电时间可以达到 250 天；

◆ 如果测量间隔为 60 分钟，24 小时发送一次数据，2 组内置的可充电电池可以使用 564 天。

表 5-5-2　不同使用条件下 NFM750 的电池供电时间

单位：d

NFM750 配套 CSM-D 传感器和 2 组电池				
存储周期	GPRS 传输周期			
	不传输	24 h	12 h	6 h
1 min	73	73	73	72
2 min	132	131	130	129
3 min	179	178	177	174
5 min	252	250	248	243
10 min	364	359	354	345
15 min	427	420	413	401
30 min	516	506	496	479
60 min	576	564	552	529

5.3　进一步延长电池供电时间的措施

可以把测量方法改为"周期性 + 事件测量"：正常时低频率测量，突发事件后高频率测量，以便节省用电。

6 如何确认互相关流量计的测量精度

Measurement site
Calibration

Certified system

NIVUS GmbH
Im Taele 2
75031 Eppingen
Germany

Phone: +49 (0) 7262/9191-0
Fax: +49 (0) 7262/9191-999
E-mail: info@nivus.com
Internet: www.nivus.com

Measurement point: KA XYZ

After control with a grid measurement technique (COSP calibration) and characteristics of the measurement site, it can be achieved an accuracy around:

0,5 %

From this control, a correction table has been integrated to the device OCM Pro CF

h [m]	*K* [-]
0,0	1,000
1,0	0,996
1,1	0,995
1,2	0,995
1,3	0,995
1,4	0,995
1,5	0,995
1,6	0,995
2,0	0,994

Date: 06.05.2010 Signature :

图 5-6-1 互相关流量计的测量精度示意

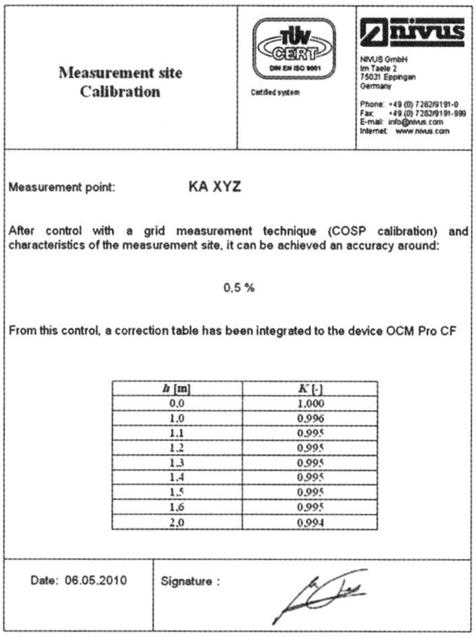

排水管网和水体的流量和液位测量是水质测量行业的“痛点”、技术难点和关注热点。在与同行的线下沟通中，我们发现业界人员普遍对流量和液位的测量存在某些误区。为了系统地介绍排水管网及水体的流量和液位测量，NIVUS 的微信公众号每周将分别分享一篇典型案例、一篇技术分析、一篇产品简介、一篇拓展应用和一篇有问有答。

如有任何流量和液位测量的难题，可通过电话、微信或微信公众号留言联系我们，我们将在“有问有答”专栏回答大家关心的问题。

> **问题:** 如何确认互相关流量计的测量精度？
>
> **回复:** 通常情况下，在前面平直段长度 $10 \times D$ 且污泥层高度变化不大时，NIVUS 的互相关流量计的断面流速测量误差在 0.5% ～ 1%，流量测量误差可以 < ±3%。
>
> NIVUS 的互相关流量计可以在欧盟范围内用于其他流量计的校准。而国内目前没有非满管流量计的标准测量方法，无法提供相关检测报告。
>
> 目前，我们可以提供如下替代方案：

6.1 出厂检测报告

NIVUS 可以提供每套设备的出厂检验报告，包括在非满管情况下的实际测量误差。如图 5-6-2（a）的加粗边框部分，就是实际检测的累计流量误差。

（a）流量计出厂检测报告

（b）流量对比试验报告

图 5-6-2　互相关流量计的测试报告

6.2　采用量水堰对比测量的第三方报告

NIVUS 可以提供由国内第三方公司提供的量水堰对比测量结果。

如 5-6-2（b）的加粗边框部分，就是量水堰对比测量的流量误差。

6.3　现场与电磁流量计的比测

可以在电磁流量计的下游非满管情况下安装互相关流量计，实时比对电磁流量计和互相关流量计的实际测量结果。

图 5-6-3 所示为某水务集团提升泵站出水管安装的德国 KROHNE（科隆）电磁流量计和德国 NIVUS（尼沃斯）互相关流量计的实测数据。其中，电磁流量计采用倒虹吸安装方式，满管运行；互相关流量计安装在电磁流量计下游，自流，满管 / 非满管交替运行。在此运行案例中，电磁流量计和互相关流量计的累计流量的偏差 < ±2%。

此外，我们也在积极参与相关标准的制定和实施，以便更好地为客户提供服务。

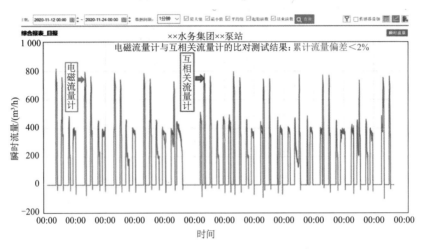

图 5-6-3　互相关流量计和电磁流量计测量结果对比

图 5-7-1　流量计对比试验现场

　　排水管网和水体的流量和液位测量是水质测量行业的"痛点"、技术难点和关注热点。在与同行的线下沟通中，我们发现业界人员普遍对流量和液位的测量存在某些误区。为了系统地介绍排水管网及水体的流量和液位测量，NIVUS 的微信公众号每周将分别分享一篇典型案例、一篇技术分析、一篇产品简介、一篇拓展应用和一篇有问有答。

　　如有任何流量和液位测量的难题，可通过电话、微信或微信公众号留言联系我们，我们将在"有问有答"专栏回答大家关心的问题。

> **问题：** 目前常用的流量测试水槽可以分为哪些？
>
> **回复：** 目前，常用的流量测试水槽可以分为动水槽和静水槽。

7.1 动水槽和静水槽的区别

◆ 动水槽，是指传感器固定安装不运动，流体运动；

◆ 静水槽，是指流体静止，传感器固定在运动部件上，传感器随运动部件的运动而运动。简言之，动水槽是水在运动，传感器不运动；静水槽是水不运动，传感器运动。

7.2 互相关流量计的出厂测试

当流体介质有颗粒物、矿物质和气泡等作为超声波的反射物时，超声波多普勒和超声波互相关流量计才能正常使用。

清水中没有颗粒物和矿物质，通常不适合采用超声波多普勒和超声波互相关流量计。但当水的流速增加到一定程度时，会产生小气泡，这些气泡被超声波多普勒和超声波互相关流量计捕捉后，可以测量气泡的流速；而小气泡的运动速度和流体的速度一致，因此可以测量清水的流速。

对于静水槽：

◆ 静水槽中的水并不运动，水中无法自发形成小气泡；

◆ 静水槽中运动的传感器会对静水产生扰动，并可能产生气泡，但这些气泡的位置通常在传感器的测量窗口的后侧，传感器无法测量到；

◆ 静水槽中运动的传感器会对静水产生扰动，可能搅动底部的悬浮物，但这些悬浮物的位置通常在传感器的测量窗口的后侧，传感器无法测量到。

因此，无法用静水槽检测 NIVUS 的超声波互相关流量计和超声波多普勒流量计。

我们采用的是动水槽进行超声波多普勒和超声波互相关流量计的出厂精度

测试。NIVUS 的 10 m 动水槽是 NIVUS 与德国乌尔姆大学合作开发的，可以模拟多种水力条件，并对流场进行三维可视化测试，是欧盟领先的试验动水槽。

图 5-7-2 动水槽试验台现场

我们可以提供每台超声波多普勒和超声波互相关流量计的测量精度试验报告。这份试验报告是上面的试验动水槽进行实际测量的结果。

7.3 互相关流量计的国内测试

如果需要，我们也可以提供国内第三方提供的试验水槽的试验结果。这个试验结果也是在动水槽进行的。

8 NIVUS 多普勒流量计的适用范围

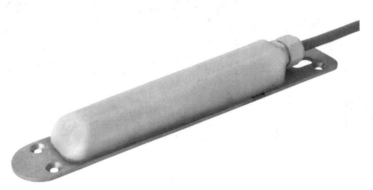

图 5-8-1　多普勒流量计外形

　　排水管网和水体的流量和液位测量是水质测量行业的"痛点"、技术难点和关注热点。在与同行的线下沟通中，我们发现业界人员普遍对流量和液位的测量存在某些误区。为了系统地介绍排水管网及水体的流量和液位测量，NIVUS 的微信公众号每周将分别分享一篇典型案例、一篇技术分析、一篇产品简介、一篇拓展应用和一篇有问有答。

　　如有任何流量和液位测量的难题，可通过电话、微信或微信公众号留言联系我们，我们将在"有问有答"专栏回答大家关心的问题。

　　问题：请问 NIVUS 已生产了多少年的多普勒流量计？

　　回复：NIVUS 在 1975 年开始生产超声波多普勒流量计，迄今已持续改进 46 年。

8.1 多普勒流量计的信号穿透深度问题

多普勒流量计的信号穿透深度与流速的关系符合奈奎斯特限制，即管道内的水流速度越快，多普勒流量计的信号穿透深度越低（见图 3-3-3）。

排水管网的水流速度通常在 0.5 ～ 1 m/s，对应的超声波多普勒流量计的信号穿透深度约为 0.5 m。

8.2 NIVUS 多普勒流量计的适用范围和测量误差

在排水管网中应用的 NIVUS 多普勒流量计，其信号穿透深度在 0.5 m 左右。相应地：

- 在管径 < DN 800 的应用场景，NIVUS 多普勒流量计的流量测量误差可以控制在 < ±10%；
- 在管径 DN 800 ～ 1200 的应用场景，NIVUS 多普勒流量计的流量测量误差可以控制在 < ±20%；
- 在更大的管径，流量测量误差会急剧增加，我们不建议采用 NIVUS 多普勒流量计。

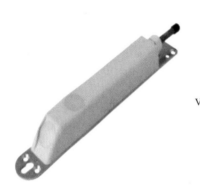

VS

图 5-9-1　互相关流量计与 ADCP 的现场照片对比

　　排水管网和水体的流量和液位测量是水质测量行业的"痛点"、技术难点和关注热点。在与同行的线下沟通中，我们发现业界人员普遍对流量和液位的测量存在某些误区。为了系统地介绍排水管网及水体的流量和液位测量，NIVUS 的微信公众号每周将分别分享一篇典型案例、一篇技术分析、一篇产品简介、一篇拓展应用和一篇有问有答。

　　如有任何流量和液位测量的难题，可通过电话、微信或微信公众号留言联系我们，我们将在"有问有答"专栏回答大家关心的问题。

　　问题：有人说，NIVUS 互相关流量计实际上就是 ADCP，这种说法对吗？

　　回复：声学多普勒流速剖面仪（Acoustic Doppler Current Profiler，ADCP）是基于多普勒原理进行测量的，与 NIVUS 互相关流量计的测量原理、适用范围和测量精度完全不同。

9.1 ADCP 的介绍

9.1.1 测量原理

ADCP 基于多普勒效应原理进行流速测量。

用声波换能器作为传感器，换能器发射声脉冲波，声脉冲波通过水体中不均匀分布的泥沙颗粒、浮游生物等反散射体反散射，由换能器接收信号，经测定多普勒频移而测算出测线范围内若干点流速，采用相关方法计算测线平均流速，必须通过现场率定获得率定测线平均流速与断面平均流速的相关系数，根据现场断面测量获取的水位与断面面积关系计算断面面积和流量。

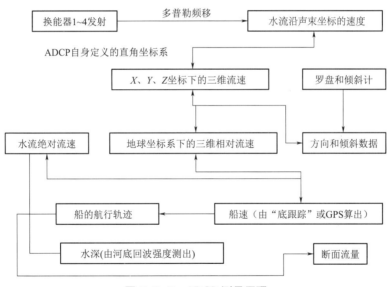

图 5-9-2 ADCP 测量原理

标准的 JANUS 结构：

将流速定义为东西方向、南北方向和垂线方向的三维速度矢量。为测量这三个方向上的速度矢量，ADCP 通常同时向水中的东、西、南、北四个方向上同时发射与垂线成夹角为 φ 的 4 个脉冲信号，如图 5-9-3（a）所示，该波束结构称为 JANUS 结构。相应的工作示意图见图 5-9-3（b）。

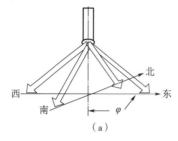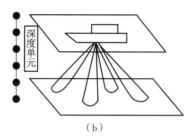

图 5-9-3　ADCP 测量示意

图 5-9-4　不同品牌 ADCP 换能器外形

9.1.2　设备外形图

下面是不同品牌的 ADCP 换能器外形图。ADCP 换能器通常由多个传感器组合而成。

9.1.3　应用领域

ADCP 应用最广的领域当属海洋学对海流和波潮的研究，也可用于河流、运河的流量测量。

ADCP 并不适用于相对小尺寸的排水管网和箱涵的流量测量。

9.1.4　安装位置和测量结构

ADCP 通常采用走航式，由小船带动，在河流和海洋的水面向下测量。典型的 ADCP 测量底跟踪模式下断面流速幅值，见图 5-9-5。

9.1.5　性能参数

以美国 RDI 公司的 600 k 型 ADCP 为例，其主要测量技术指标如下：

◆ 盲区大小：1 m；

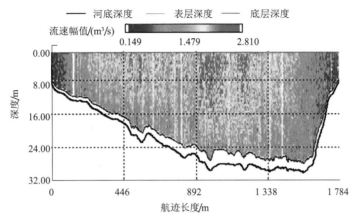

图 5-9-5　ADCP 测量结果示意

- ◆ 最小单元长度：0.5 m；
- ◆ 最小剖面深度：1.8 m；
- ◆ 最大量程：50 ~ 70 m；
- ◆ 流速量程：±20 m/s；

从上面的参数中可以看出，此款 ADCP 的传感器盲区大，需要较深的水才能正常测量。

9.2　NIVUS 互相关流量计的介绍

9.2.1　测量原理

NIVUS 互相关流量计基于超声波互相关原理而非多普勒效应，传感器连续扫描水中多个颗粒或气泡，反射信息存储为图像，基于频率特征的粒子识别，根据脉冲重复频率确定两个脉冲之间的 T_{PRF} 时差 Δt，根据这个时间差和距离间隔得到颗粒或气泡的速度，从而得到这个点的流速。可以把超声波互相关流量计想象成超声波相机：互相关流量计可以记录超声波束内的水平和垂直方向多个颗粒或气泡，如同测量"颗粒云"，并在几毫秒内对颗粒或气泡进行比较（两张照片的比对）。

互相关流量计的优点：测量实际流速而不是拟合值，无须对流量计进行校准，无须数据二次处理（即数据清洗）、在复杂条件下具有极高的测量精度（见图 2-4-2）。

9.2.2　设备外形图

NIVUS 互相关流量计的流速传感器包括楔形传感器和杆式传感器。其中，楔形传感器和杆式传感器的形式见图 5-9-6。

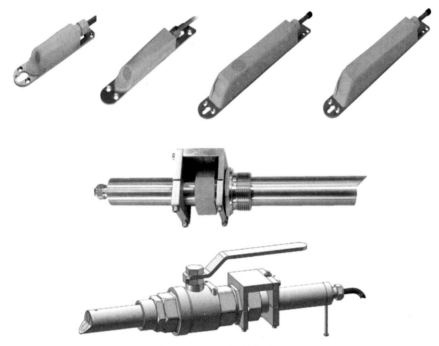

图 5-9-6　互相关传感器

9.2.3　应用领域

NIVUS 互相关流量计主要用于 DN 150 ～ 6000 或更大直径的管道，宽度 1 000 ～ 10 000 mm 或更宽的渠道和箱涵的流量测量。

也就是说，NIVUS 互相关流量计适用于相对较小的管道、渠道和箱涵的流量测量；而 ADCP 适用在大断面的海洋、河流的流量测量。

9.2.4　安装位置和测量结构

互相关流量计采用固定安装，在水下任意角度安装。

典型的互相关流量计测量的断面流速见图 5-9-7。

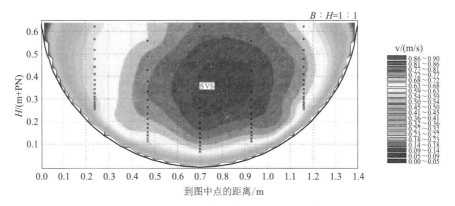

图 5-9-7 互相关流量计测量的断面流速分布

9.2.5 性能参数

NIVUS 互相关流量计的性能参数见表 5-9-1。

表 5-9-1 互相关流量计的性能参数

编号	项目	要求
1	测量原理	流速测量原理：速度 – 面积流量测定法，带 16 层流速扫描的实际流速剖面测量的超声波交叉相关原理
2	功能	同步测量瞬时流速、瞬时流量、累积流量、温度
3	传感器形式	包含液位、流速和温度的三合一复合传感器、楔形传感器
4	流速测量范围	–1.0 ～ 6.0 m/s；
5	液位测量范围	0% ～ 100% 满管
6	流速传感器测量盲区	根据不同种类的传感器，测量盲区为 3 ～ 8 cm
7	流速的测量误差	当流速＜1 m/s 时，测量值的 ±0.5%+5 mm/s；当流速＞1 m/s 时，测量值的 ±1%
8	液位的测量误差	测量值的 ±0.5%
9	流量测量误差	在满足前后平直段长度的情况下，流量测量误差＜测量值的 ±3%
10	防护等级	传感器：IP68

9.3 结论

◆ NIVUS 互相关流量计与 ADCP 的测量原理不同；

◆ NIVUS 互相关流量计与 ADCP 的安装位置不同；

◆ NIVUS 互相关流量计与 ADCP 的适用领域和适用范围不同；

◆ ADCP 并不适用排水管网的流量测量；

◆ 在排水管网和箱涵流量测量领域，NIVUS 互相关流量计具有更高的测量精度。

9.4 致谢

本文的 ADCP 的介绍，部分源自如下文章，在此一并致谢！

[1] 丁庆泽，金将溢 . ADCP 测流原理研究 [J]. 计算机时代，2021（3）: 14-16，22.

[2] 冯建军，ADCP 原理及数据处理方法 [J]. 港工技术，2007（3）: 53-55.

[3] 蒋建平，朱汉华，国产 ADCP 精度比测分析 [J]. 人民黄河，2020，42（8）: 164-168.

互相关流速传感器和多普勒流速传感器的安装位置有什么不同？ **10**

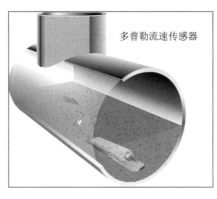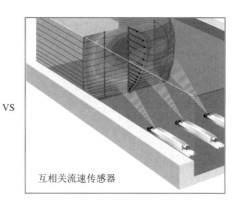

多普勒流速传感器

VS

互相关流速传感器

图 5-10-1　互相关流量计和多普勒流量计的对比

　　排水管网和水体的流量和液位测量是水质测量行业的"痛点"、技术难点和关注热点。在与同行的线下沟通中，我们发现业界人员普遍对流量和液位的测量存在某些误区。为了系统地介绍排水管网及水体的流量和液位测量，NIVUS 的微信公众号每周将分别分享一篇典型案例、一篇技术分析、一篇产品简介、一篇拓展应用和一篇有问有答。

　　如有任何流量和液位测量的难题，可通过电话、微信或微信公众号留言联系我们，我们将在"有问有答"专栏回答大家关心的问题。

　　问题：互相关流速传感器和多普勒流速传感器，在管道和渠道的安装位置是否相同？

　　回复：互相关流速传感器和多普勒流速传感器，在管道和渠道的安装位置是不同的。

10.1 多普勒流速传感器的安装

无论是连续多普勒流速流量计，还是脉冲多普勒流速流量计，其流速传感器只能安装在管道或渠道的中间位置。

简单说明如下：

- ◆ 无论您将多普勒流速传感器放在管道或渠道的哪个位置，流速传感器本身都无法感知；

- ◆ 您需要校准每个安装位置至少 3 个不同的液位；

图 5-10-2 多普勒流量计的测量示意

- ◆ 管道或渠道中间的底部位置，是多普勒流速传感器比较合适的安装位置；

- ◆ 考虑到管道或渠道的底部可能会有污泥沉积，需要适当抬高多普勒流速传感器的安装位置。

10.2 互相关流速传感器的安装位置

互相关流速传感器，可以在水面下的 360° 范围内安装，包括浮在水面向下安装。水面向下的安装方式见图 5-10-3。

互相关流速传感器的理想安装位置是在中心垂线 ±45° 范围内，贴壁安装，见图 5-10-4。

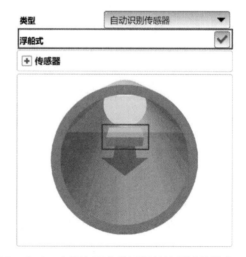

图 5-10-3 水面向下安装互相关流量计的设定示意

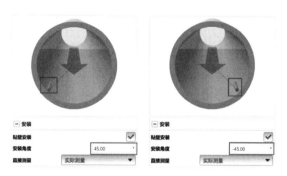

图 5-10-4　互相关传感器的安装角度设置

10.3　结论

- ◆ 无论是连续多普勒流速流量计，还是脉冲多普勒流速流量计，其流速传感器只能安装在管道或渠道的中间位置；
- ◆ 考虑到管道或渠道的底部可能会有污泥沉积，需要适当抬高多普勒流速传感器的安装位置；
- ◆ 互相关流速传感器，可以在水面下的 360° 范围内安装，包括浮在水面向下安装；
- ◆ 互相关流速传感器的理想安装位置，是在中心垂线 ±45° 范围内，贴壁安装。

11 脉冲多普勒流量计也可以分层测量流速，脉冲多普勒流量计和互相关流量计有什么异同？

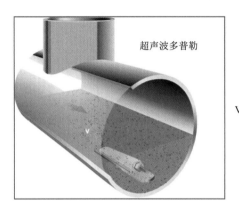
超声波多普勒

VS

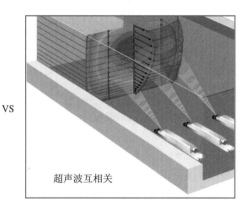
超声波互相关

图 5-11-1　脉冲多普勒流量计和互相关流量计的对比

　　排水管网和水体的流量和液位测量是水质测量行业的"痛点"、技术难点和关注热点。在与同行的线下沟通中，我们发现业界人员普遍对流量和液位的测量存在某些误区。为了系统地介绍排水管网及水体的流量和液位测量，NIVUS 的微信公众号每周将分别分享一篇典型案例、一篇技术分析、一篇产品简介、一篇拓展应用和一篇有问有答。

　　如有任何流量和液位测量的难题，可通过电话、微信或微信公众号留言联系我们，我们将在"有问有答"专栏回答大家关心的问题。

　　问题：近期，我们听到有一些流量计厂家说脉冲多普勒流量计也可以分层测量流速，且"分的层数"超过互相关流量计，所以测量精度也超过互相关流量计。请问一下，脉冲多普勒流量计和互相关流量计有什么异同？

　　回复：如之前曾经提到，德国 NIVUS 已生产了 46 年的多普勒流量计，生产了 21 年的互相关流量计。根据我们的经验，互相关流量计和脉冲多普勒流量计有如下异同之处。

11.1　相同之处

- 互相关流量计和脉冲多普勒流量计都是基于超声波的流量计。
- 由于排水管网的特殊性，互相关流量计和脉冲多普勒流量计是目前两种可以用于地下管网流量定量测量的流量计。

11.2　不同之处

11.2.1　测量原理

　　互相关流量计类似超声波相机，进行"水中的两个相似图像模式的比较"，记录超声波束内的水平和垂直方向多个粒子，如同测量"颗粒云"，并在几毫秒内对颗粒进行相互比较。

　　脉冲多普勒流量计基于多普勒原理，序批式地进行分层扫描，但每次扫描只能测量每层的一个点的流速，而且并不能感知这个点的具体位置；而后根据预先设定的数学模型，模拟整个断面的平均流速。从本质上讲，脉冲多普勒流量计还是点流速仪，只是在分层的每层测量一个点，测量的精度比连续多普勒流量计有提高，但并不是测量原理的根本性改变。因此，测量精度并不高。

11.2.2　每层的实际测量点数和点的位置信息

　　互相关流量计可以实时测量 16 层中 N 个点的位置和流速，可以知道每个点的位置信息，并提供每层的加权平均流速。

　　脉冲多普勒流量计只能测量每层中的一个点的流速，而且并不知道这个点的具体位置；通过预先设置的数学模型，由每层的一个点的流速而拟合每层的流速。

11.2.3　分层流速的显示方式

互相关流量计可以实时显示 16 层的详细数据，包括每层的高度和每层的平均流速；基于 16 层的详细数据，拟合得到整个断面的平均流速及流量。

脉冲多普勒流量计无法提供每层的详细数据。

11.2.4　流速测量精度

当互相关流量计传感器安装点前的平直段距离达到 10 倍管径或 10× 渠道宽度（10×DN 或 10×B），且管道内流速＜ 1 m/s 时，每层流速（最多 16 层）的测量误差＜测量值的 0.5%+5 mm/s；当管道内流速＞ 1 m/s 时，每层流速（最多 16 层）的测量误差＜测量值的 1.0%。在上述两种情况下，互相关流量计的累计流量测量误差＜测量值的 ±3.0%。

脉冲多普勒流量计的点流速的测量精度比较高，断面流速的误差比较大，流量误差就更大些。具体参见各家的技术参数。

11.2.5　传感器的安装位置

互相关流量计的传感器可以在水下 360° 范围内安装，不同安装角度的测量误差变化不大。

为了降低测量误差，脉冲多普勒流量计的传感器通常安装在管道或渠道中央的底部，可以适当抬高。

11.2.6　适用范围

互相关流量计的可以适用在 DN 700 以内的小型管道或箱涵，或者 DN 5000 以内的大型管道和箱涵。

脉冲多普勒流量计通常适用在小型管道和箱涵。

11.3　结论

（1）互相关流量计和脉冲多普勒流量计的相同之处：

- ◆ 都是基于超声波的流量计；
- ◆ 是目前两种可以用于地下管网流量定量测量的流量计。

（2）互相关流量计和脉冲多普勒流量计的不同之处：

◆ 测量原理不同；

◆ 分层流速的显示方式不同；

◆ 每层的实际测量点数不同；

◆ 流速测量精度不同；

◆ 传感器的安装位置不同；

◆ 适用范围不同。

因此，互相关流量计和脉冲多普勒流量计的分层测量的概念是完全不同的。

12 互相关传感器是怎样选型的?

 或

图 5-12-1　楔形和管式互相关传感器的对比

　　排水管网和水体的流量和液位测量是水质测量行业的"痛点"、技术难点和关注热点。在与同行的线下沟通中，我们发现业界人员普遍对流量和液位的测量存在某些误区。为了系统地介绍排水管网及水体的流量和液位测量，NIVUS 的微信公众号每周将分别分享一篇典型案例、一篇技术分析、一篇产品简介、一篇拓展应用和一篇有问有答。

　　如有任何流量和液位测量的难题，可通过电话、微信或微信公众号留言联系我们，我们将在"有问有答"专栏回答大家关心的问题。

　　问题: 互相关传感器是怎样选型的?

　　回复: 可以从安装方式、拟测量点的尺寸和液位传感器这三个维度来选择互相关传感器的型号。

12.1　安装方式

从安装方式角度，可以将互相关流量传感器分为以下两类：

◆ 管道内部安装的楔形传感器；

◆ 管道外部安装的插入式杆式传感器。

楔形传感器

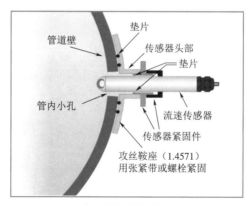

插入式杆式传感器

图 5-12-2　楔形和管式互相关传感器的不同安装方式

12.2　测量点的尺寸范围

根据拟测量点的尺寸，可以选择不同的楔形传感器，见表 5-12-1。

表 5-12-1　不同互相关传感器测量盲区和信号穿透深度

编　号	传感器型号	h-crit/cm	信号穿透深度 /m
1	CS2 或 CSP	8.00	＜ 5.00
2	POA	4.50	＜ 2.00
3	CSM	3.00	＜ 0.80

12.3　液位传感器的选择

可以选择如下液位传感器：

◆ 无液位传感器；

◆ 只有压力传感器；

◆ 只有水中超声波；

◆ 压力传感器和水中超声波的组合液位测量。

排水渠道系统

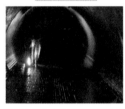

流动水体 | 河坝 | 灌溉

供水和配水

污水处理厂

城市水/污水测量服务

排口/浅水宽断面的临时流量测量

图 5-13-1 NIVUS 产品应用场景

> 　　排水管网和水体的流量和液位测量是水质测量行业的"痛点"、技术难点和关注热点。在与同行的线下沟通中,我们发现业界人员普遍对流量和液位的测量存在某些误区。为了系统地介绍排水管网及水体的流量和液位测量,NIVUS 的微信公众号每周将分别分享一篇典型案例、一篇技术分析、一篇产品简介、一篇拓展应用和一篇有问有答。
>
> 　　如有任何流量和液位测量的难题,可通过电话、微信或微信公众号留言联系我们,我们将在"有问有答"专栏回答大家关心的问题。

问题: NIVUS 还有哪些其他产品?

回复: NIVUS 并不只有互相关流量计。

从总体上讲,可以将 NIVUS 的产品分为流量计、液位计和其他产品。

13.1 NIVUS 流量计

NIVUS 流量计分为超声波多普勒、超声波互相关、超声波时差法和雷达流量计。

13.1.1 NIVUS 超声波多普勒流量计

超声波多普勒流量计的设备型号、测量范围、测量误差、应用管径范围、建议安装位置和应用场景，见表 5-13-1。

表 5-13-1　NIVUS 超声波多普勒流量计的分类

设备名称	设备型号	测量范围	测量误差	应用管径范围	建议安装位置	应用场景
固定安装式多普勒流量计	OCM F	流速：0.1 ~ 6 m/s	流量误差< ±15%	不建议超过 DN 700	小管道或不太重要点的长期固定测量，0% ~ 100% 满管，现场有供电	污水、含气泡水、含矿物质水
便携式多普勒流量计	PCM F				小管道或不太重要点的长期固定测量，0% ~ 100% 满管，现场无供电	
多普勒夹持式流量计	NG2	流速：0.3 ~ 4 m/s		DN 50 ~ 350，满管	长期测量，满管，有电源	

13.1.2 NIVUS 超声波互相关流量计

超声波互相关流量计的设备型号、测量范围、测量误差、应用管径范围、建议安装位置和应用场景，见表 5-13-2。

表 5-13-2　NIVUS 超声波互相关流量计的分类

设备名称	设备型号	测量范围	测量误差	应用管径范围	建议安装位置	应用场景
便携式互相关流量计	NFM750	流速：-1 ~ 6 m/s	流量误差< ±3%	DN 100 ~ 4000	大管道、重点排口或重点部位，0% ~ 100% 满管，现场没有供电	污水、含气泡水、含矿物质水

续表

设备名称	设备型号	测量范围	测量误差	应用管径范围	建议安装位置	应用场景
固定安装式互相关流量计	NF750	流速：-1～6 m/s	流量误差＜±3%	DN 100～4000	大管道、重点排口或重点部位的长期固定测量，0%～100%满管，现场有供电	—
便携式剖面流速仪	NivuFlow Stick	流速：-1～6 m/s	流量误差＜±3%	比较浅的排口或河道，宽度不限	临时的快速测量，无须供电	—
泵站节能	NivuFlow Saver			DN 500～4000	需要节能的泵站	泵站节能

13.1.3　NIVUS 超声波时差法流量计

超声波时差法流量计的设备型号、测量范围、测量误差、应用管径范围、建议安装位置和应用场景，如表 5-13-3。

表 5-13-3　NIVUS 超声波时差法流量计的分类

设备名称	设备型号	测量范围	测量误差	应用管径范围	建议安装位置	应用场景
便携式超声波时差法流量计	NFM600	外夹式：-10～10 m/s；插入式：-15～15 m/s	测量路径内的流速（平均流速）±0.1%测量值	DN 50～2500	清水或比较干净水管道的临时和长期测量；外夹式和插入式，需要满管；管道内安装，可以非满管；现场无供电	清水或比较干净的水，管道
固定安装式超声波时差法流量计	NF600				清水或比较干净水的管道的长期固定测量；外夹式和插入式，需要满管；管道内安装，可以非满管；现场有供电	
固定安装式河道流量计	NF650	-20～20 m/s		宽度100 m以内的河道和渠道	河道流量测量，现场有供电	河道流量测量

13.1.4 NIVUS 雷达流量计

雷达流量计的设备型号、测量范围、测量误差、应用管径范围、建议安装位置和应用场景，见表 5-13-4。

表 5-13-4 NIVUS 雷达流量计的分类

设备名称	设备型号	测量范围	测量误差	应用管径范围	建议安装位置	应用场景
便携式雷达流量计	NFM550	距离 0.05～10 m，流速 ±0.15～15 m/s	流量误差<±15%	宽度不受限，液位波动范围<6 m	无法直接接触测量且现场没有供电	非接触式测量
固定安装式雷达流量计	NF550				无法直接接触测量且现场有供电	

13.2 NIVUS 液位计

NIVUS 液位计分为超声波液位计、雷达液位计和静压式液位计。相应的设备型号、测量范围、测量误差、应用管径范围、建议安装位置和应用场景，见表 5-13-5。

表 5-13-5 NIVUS 液位计的分类

设备名称	设备型号	测量范围	测量误差	应用管径范围	建议安装位置	应用场景
便携式超声波时差法流量计	NFM600	外夹式：−10～10 m/s；插入式：−15～15 m/s	测量路径内的流速（平均流速）±0.1%测量值	DN 50～2500	清水或比较干净水管道的临时和长期测量；外夹式和插入式，需要满管；管道内安装，可以非满管；现场无供电	清水或比较干净的水，管道

续表

设备名称	设备型号	测量范围	测量误差	应用管径范围	建议安装位置	应用场景
固定安装式超声波时差法流量计	NF600	外夹式：–10～10 m/s；插入式：–15～15 m/s	测量路径内的流速（平均流速）±0.1%测量值	DN 50～2500	清水或比较干净水的管道的长期固定测量；外夹式和插入式，需要满管；管道内安装，可以非满管；现场有供电	清水或比较干净的水，管道
固定安装式河道流量计	NF650	–20～20 m/s		宽度100 m以内的河道和渠道	河道流量测量，现场有供电	河道流量测量

13.3　NIVUS 污泥界面仪

NIVUS 污泥界面仪包括可以在静止条件下及高流速下使用的两种污泥界面仪。相应的设备型号、测量范围、测量误差、应用管径范围、建议安装位置和应用场景，见表5-13-6。

表5-13-6　NIVUS 污泥界面仪的分类

设备名称	设备型号	测量范围	测量误差	应用管径范围	建议安装位置	应用场景
污泥界面仪	NivuScope 2	测量深度范围：0.3～10 m；测量盲区：传感器下方最小30 cm，罐底或渠道底部以上5 cm	±3 cm	尺寸不受限，流速<1 mm/s	现场需要有供电	流速很慢的情况下的污泥界面测量
高流速污泥界面仪	NFM750/NF750+CSP	测量深度范围：0～5 m；测量盲区：传感器下8 cm	±2 cm	水深5 m以内，流速<1 m/s	现场需要有供电，或电池供电	高流速情况下

13.4　NIVUS 的其他设备

NIVUS 还有其他设备和仪表。相应的设备型号、测量范围、测量误差、应用管径范围、建议安装位置和应用场景，见表 5-13-7。

表 5-13-7　NIVUS 其他设备仪表的分类

设备名称	设备型号	测量范围	测量误差	应用管径范围	建议安装位置	应用场景
H_2S 测定仪	NivuLog H_2S	H_2S 气体标称：$0 \sim 200$ ppm，最大过载值：$1\,000$ ppm	分辨率：0.25 ppm，重复精度：1% m T90，时间：35 s，磨损：$0\% \sim 100\%$	不受限	无须供电	封闭空间的安全保护
雨量计	RM 202 或 RM 200	最大 11 mm/min	分辨率 0.1 mm 降水；精确度在 $0 \sim 11$ mm/min $\pm 3\%$	水深 5 m 以内，流速 < 1 m/s	现场需要有供电，或电池供电	测量降水量

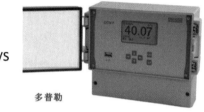

图 5-14-1　互相关流量计和多普勒流量计变送器的对比

　　排水管网和水体的流量和液位测量是水质测量行业的"痛点"、技术难点和关注热点。在与同行的线下沟通中，我们发现业界人员普遍对流量和液位的测量存在某些误区。为了系统地介绍排水管网及水体的流量和液位测量，NIVUS 的微信公众号每周将分别分享一篇典型案例、一篇技术分析、一篇产品简介、一篇拓展应用和一篇有问有答。

　　如有任何流量和液位测量的难题，可通过电话、微信或微信公众号留言联系我们，我们将在"有问有答"专栏回答大家关心的问题。

　　问题：我们听过不同的流量计厂家的产品介绍，听起来多普勒流量计的测量精度也很高，都很实用。从你们的角度分析，非满管情况下，多普勒流量计和互相关流量计的测量偏差到底是多少？

　　回复：如前所述，NIVUS 从 1975 年开始生产超声波多普勒流量计，2000 年开始生产超声波互相关流量计，迄今为止，已有 46 年的行业实践。在全球,NIVUS 已有超过 3 万个流量测量的应用项目。

　　无论从研发实力、产品本身还是应用案例的丰富程度，NIVUS 都是全球多普勒流量计和互相关流量计的领导品牌。

　　事实上，活跃在国内市场的某些多普勒流量计厂家，与 NIVUS 有很大的渊源，或者曾经是 NIVUS 国外某些区域的多年代理商，或者曾与 NIVUS 有过多年的技术合作而目前则是竞争对手和 NIVUS 流量测量技术的跟随者。

14.1　测量方法的区别

14.1.1　连续多普勒流量计

- ◆ 连续多普勒流量计只能测量过流断面的一个点的流速，且无法获得该点的位置信息；
- ◆ 过流断面的平均流速，是通过预设的数学模型，根据这个点的流速拟合出来的；
- ◆ 连续多普勒流量计需要定期校正；
- ◆ 连续多普勒流量计无法实现多组流速传感器的组合测量；
- ◆ NIVUS 多普勒流量计的建议使用范围为 < DN 800 的管道或箱涵。

14.1.2　脉冲多普勒流量计

- ◆ 根据某些厂家的资料，脉冲多普勒流量计可以测量过流断面中的多个"门""gate"或"层"的流速。实际上，脉冲多普勒流量计也只能测量过流断面的若干个"门""gate"或"层"中的某个点的流速；
- ◆ 这些"门""gate"或"层"的平均流速，也是通过预设的数学模型，根据这个点的流速拟合出来的；
- ◆ 并不能实时显示这些"门""gate"或"层"的平均流速，因此，您可以选择相信或者不相信这些分层流速（so you can believe it or not）；
- ◆ 脉冲多普勒流量计需要定期校正；
- ◆ 脉冲多普勒流量计无法实现多组流速传感器的组合测量。

因此，脉冲多普勒流量计的测量精度与连续多普勒流量计的测量精度并没有得到显著的提升。

14.1.3 互相关流量计

- 互相关流量计可以测量过流断面最多 16 层的平均流速；
- 每层实际测量 N 个点，由这 N 个点拟合出 16 层的平均流速；
- 可以实时显示 16 层的平均流速；
- 由这 $16×N$ 个点的流速，拟合出整个断面的平均流速；
- 互相关流量计无须校正；
- 基于 COSP（COrrelation Singularity Profile），单个变送器实现多达 9 组流速传感器的组合测量；
- 选择不同的互相关传感器及其组合，可以实现 DN 50 ～ 5000 甚至更大断面的流量测量。

14.2 测量结果的区别

在排水管网实际运行环境下，某水务集团 NIVUS 互相关流量计和多普勒流量计与上游电磁流量计的对比结果，见图 5-6-3。

14.2.1 互相关流量计的实际比测结果

从图 5-14-2 中可以看出：

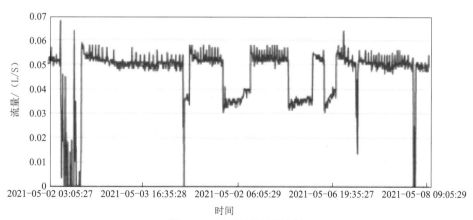

（a）下游NIVUS多普勒流量计测量数据

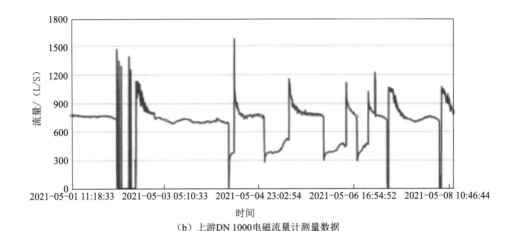

（b）上游DN 1000电磁流量计测量数据

图 5-14-2　NIVUS 多普勒流量计和电磁流量计测量结果对比

◆ 电磁流量计（满管）与 NIVUS 多普勒流量计（满管/非满管）的对比结果为：瞬时流量有差异，与累计流量的差距为 5%～10%。

◆ NIVUS 互相关流量计的实际测量瞬时值与上游的电磁流量计的实际测量瞬时值高度匹配；

◆ 两者的累计流量误差＜±2%，低于 NIVUS 互相关流量计的流量测量偏差＜±3% 的承诺。

14.2.2　多普勒流量计的实际比测结果

从图 5-14-2 可以看出：

◆ NIVUS 多普勒流量计的实际测量瞬时值与上游的电磁流量计的实际测量瞬时值偏差比较大，测量趋势的差异比较大；

◆ 两者的累计流量误差在 ±5%～±10%，低于 NIVUS 多普勒流量计的流量测量偏差＜±15% 的承诺。

14.3　小结

◆ 就测量原理、流速和流量测量精度、适用范围和是否需要校正而言，NIVUS 互相关流量计的优势很明显；

◆ NIVUS 互相关流量计的实际测量瞬时值与电磁流量计的实际测量瞬时值高度匹配；

◆ NIVUS 多普勒流量计的实际测量瞬时值与电磁流量计的实际测量瞬时值偏差比较大，测量趋势的差异也比较大；

◆ NIVUS 多普勒流量计可以用于比较小的管道和箱涵且测量条件理想的流量测量，需要定期校正；

以上分析，基于 NIVUS 相关产品及 46 年行业经验，供各位客户参考。

15 除了测量精度之外，互相关流量计的优势还体现在哪些方面？

图 5-15-1 排水管网流量计现场安装

　　排水管网和水体的流量和液位测量是水质测量行业的"痛点"、技术难点和关注热点。在与同行的线下沟通中，我们发现业界人员普遍对流量和液位的测量存在某些误区。为了系统地介绍排水管网及水体的流量和液位测量，NIVUS 的微信公众号每周将分别分享一篇典型案例、一篇技术分析、一篇产品简介、一篇拓展应用和一篇有问有答。

　　如有任何流量和液位测量的难题，可通过电话、微信或微信公众号留言联系我们，我们将在"有问有答"专栏回答大家关心的问题。

　　问题：据说互相关流量计最主要的特点是测量精度高，那除此之外还有哪些优势呢？

　　回复：之前，我们更多的是介绍互相关流量计的测量精度，即在满足使用条件下（前面平直段长度保证 $10 \times DN$，如果流量计后面有跌水时，传感器后面的平直段长度保证 $5 \times DN$ 情况下），流量测量误差 < ±3%。此外，互相关流量计还有如下优点：

15.1　广适应

互相关流量计可以适应：

- 介质中的悬浮物（Suspended Solid，SS）5 ～ 40 000 mg/L；
- 0% ～ 100% 满管的各种应用场景的流量测量。

15.2　少维护

互相关传感器表面不长微生物膜，也不受介质中油脂等的影响。在国内排水管网中杂质较多的情况下，传感器的维护间隔通常在 1 年以上。

15.3　不清洗

互相关流量计的测量数据稳定，不同传感器之间的数据一致性较高。

互相关流量计采用液位的冗余测量，可以通过多种测量数据分析判断传感器是否被异物覆盖或污泥覆盖，也可以结合雨量计，分析降雨对流量测量的影响。

因此，除了异物覆盖、污泥覆盖和降雨的影响之外，无须对测量数据进行二次清洗。

15.4　长寿命

互相关流量计已生产 21 年，其整体设计寿命 10 年。目前已有 18 年连续适用而无维修的应用案例。防爆的可充电电池充满电后，流量计可以使用250 天以上；可充电电池使用寿命 5 年。

15.5 云数据

流量计和数据端实现了端云一体，数据直接上传客户云端，测量数据无须中转和二次处理。

15.6 易操作

用手机等直接蓝牙连接互相关流量计，采用可视化操作，操作便捷、准确。

超声波时差法流量计是否可以应用于排水管网流量测量？ **16**

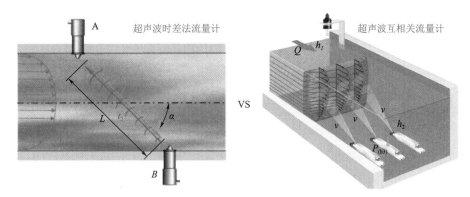

图 5-16-1 超声波时差法流量计与互相关流量计的对比

> 　　排水管网和水体的流量和液位测量是水质测量行业的"痛点"、技术难点和关注热点。在与同行的线下沟通中，我们发现业界人员普遍对流量和液位的测量存在某些误区。为了系统地介绍排水管网及水体的流量和液位测量，NIVUS 的微信公众号每周将分别分享一篇典型案例、一篇技术分析、一篇产品简介、一篇拓展应用和一篇有问有答。
>
> 　　如有任何流量和液位测量的难题，可通过电话、微信或微信公众号留言联系我们，我们将在"有问有答"专栏回答大家关心的问题。

　　问题：超声波时差法流量计是否可以应用于排水管网流量测量？

　　回复：NIVUS 于 2005 年开始生产超声波时差法流量计，迄今已有 16 年的生产历史。NIVUS 的超声波时差法流量计可以用于 100 m 宽的河道流量测量和直径 12 m 管的满管 / 非满管的流量测量。

但是，我们不建议使用超声波时差法流量计对雨水或污水的排水管网进行流量测量。原因如下：

16.1 超声波时差法的测量原理

超声波时差法流量计的测量原理基于检测两个传感器（A 和 B）之间超声波信号的传播时间差。顺着流动方向的传播时间（t_1）比逆着流动方向的传播时间（t_2）更短。两者的时间差与沿测量路径的平均速度（v_m）成比例。测量系统根据平均路径速度（v_m）计算平均横截面速度（v_A）。时差法流量计适合用于比较干净的水，需要多组传感器发送和接收信号；适用于大管道和河道的流量测量。

16.2 超声波时差法的适用范围和优势

NIVUS 的超声波时差法流量计可用于 100 m 宽的河道和直径 12 m 管的满管／非满管的流量测量，适用于干净及微污染水的流量测量。

超声波时间差法传感器有如下优势：

◆ 最多 32 个测量路径，确保高精度；

◆ 多种传感器版本；

◆ 全系列的安装材料。

16.3 超声波时差法的劣势

◆ 排水管网中的杂质，会影响传感器（A 和 B）之间超声波信号的传播时间差，增加测量误差，因此，不适合含杂质较多的初期雨水和污水的流量测量；

◆ 超声波时差法流量传感器的尺寸较大，容易被初期雨水和污水中的悬浮物缠绕，影响测量结果，大幅增加维护工作量；

◆ 超声波时差法流量传感器有一定的安装高度要求，通常最小的测量范围为 30% 满管，无法测量低于 30% 满管高度的流量。

16.4　总结

超声波时差法流量计并不适合初期雨水和污水的排水管网的流量测量。

致 谢

感谢国内各大水务公司和各大设计院等用户，让我们有机会为您服务。正是您的选择让我们有机会将自己对测量技术的理解与您的行业经验相结合，共同努力让一个个测量的"不可能"变成"可能"乃至"确定"，解决一个个流量和液位的测量难题。

感谢迄今为止数千位订阅微信公众号的朋友！是你们的关注和鼓励让我们能继续坚持下去。

感谢德国 NIVUS 公司的 Mr. Fischer 和 Mr. Carstensen 等诸位同仁的倾心协助！

感谢王荣华先生、宋超先生的热心相助与鼓励，让我可以广泛深入行业市场并顺利完成书稿的出版。

感谢杨向平老师、马远东老师、李艺大师、杨殿海教授和 Lothar Fuchs 博士对我们工作的指导和认可，并接受我的邀请为本书出版做点评和推荐。

感谢同事刘晨阳的努力，让这些文章每周一至周五准时出现在微信公众号。

感谢家人的支持！负担起教育下一代的重任，能让我每周都有时间清空自己，专心去思考、总结和写作！

一路走来，我们受到许多领导、专家和学者的指导和帮助，限于篇幅关系而无法一一书明，深表歉意。唯有今后用更加努力的工作以及更多的技术分享，感谢各位领导、专家和学者的厚爱！

鉴于排水管网和水体流量和液位测量的复杂性，如果您有测量需求，建议您通过电话、微信或微信公众号直接联系我们。我们将根据您的测量需求和预算范围，选择合适的流量计和安装方式，并可以提供后续的数据分析等增值服务。

　　我们秉持不仅要了解产品性能，更重要的是看到实际使用效果的观点。欢迎各位朋友联系我们，用互相关流量计进行现场的测量或比对，以便您更深入地了解互相关流量计。

　　我们非常乐意接受各种挑战，并和全球顶尖的测量和仪表工程师团队一起为您提供持续的技术服务，协助您解决这些难题。

联系人微信号

NIVUS 微信公众号

图书在版编目（CIP）数据

厂站网河一体化项目液位和流量测量原理及实践 /
王强编著. —北京：中国环境出版集团，2021.11
ISBN 978-7-5111-4166-8

Ⅰ. ①厂… Ⅱ. ①王… Ⅲ. ①电磁测量—流量测量
②电磁测量—液位测量 Ⅳ. ①O441.5

中国版本图书馆 CIP 数据核字（2021）第 241489 号

出 版 人　武德凯
责任编辑　刘梦晗
责任校对　任　丽
封面设计　北京光大印艺文化发展有限公司

出版发行　中国环境出版集团
　　　　　（100062 北京市东城区广渠门内大街 16 号）
　　　　　网　　　址：http://www.cesp.com.cn
　　　　　电子邮箱：bjgl@cesp.com.cn
　　　　　联系电话：010-67112765（编辑管理部）
　　　　　　　　　　010-67112736
　　　　　发行热线：010-67125803，010-67113405（传真）
印　　刷　北京中科印刷有限公司
经　　销　各地新华书店
版　　次　2021 年 11 月第 1 版
印　　次　2021 年 11 月第 1 次印刷
开　　本　787×1092　1/16
印　　张　24.75
字　　数　400 千字
定　　价　158.00 元